Pier Alessio Rizzardi　张涵坤
编著

The Condition of Chinese Architecture
中国建筑现状

中国建筑工业出版社

序言

24个关键词
图绘当代中国青年建筑师的境遇、话语与实践策略

如果我们想以一种高速摄影的方式呈献不断流变的当代中国建筑的一个瞬间切片，我们得到的必然是一张错综复杂、颇有意味之网，包含着彼此关联、牵制、平行、均衡、对抗甚至抵消的诸多要素。但或许这样的复杂网络比那种经过精心梳理、条分缕析的线性结构更符合当代中国的真实样貌。

这里，我们试图通过24个关键词，展现青年建筑师的整体面貌。这里的24个关键词，分别属于“现象与诉求”“操作框架”“话语工具”和“实践策略”四个类别。它们共同图绘了当代中国青年建筑师的工作环境、限定条件、思想方法和应对策略。

1. 现象与诉求

如果我们试图以几个关键词描绘当代中国建筑师所面临的建成环境和社会现实，那么这组关键词既是中国当下政府官员、决策者、开发商和私人业主的共同诉求，也是基于这种诉求所达成的建成环境的现状。无论这些词汇背后隐含的语义是褒还是贬，不可否认的是，这些现象构成了建筑师工作的环境文脉和参照，这就是建筑设计作品所处的真实环境，而建筑师的工作也会自觉不自觉地被要求满足这样的诉求。

（1）大（Bigness）

在1995年库哈斯出版的《S，M，L，XL》一书中首次将“大”作为当代建筑和城市的特殊属性提了出来。他同时指出，大并不只是尺度上的简单堆积和复制，而是随着尺寸的增加会发生属性特征的质变。他认为“大”使建筑的传统概念如组合、尺度、比例、细部变得毫无意义。他提出的这个概念似乎是为中国量身定做的，因为全世界没有比中国更应该关注“大”在建筑学和城市研究中的运用的了。不管你喜欢与否，“大”都是当代中国都市现象的最重要的尺度特征。

（2）纪念性（Monumentality）

对纪念性的追求或许源自于宗教式的崇拜，或者和“崇高”的概念密不可分，它也是为像柯布西耶和库哈斯这样对建筑充满狂热激情的设计师所钟爱的。社会急剧改变了人们的生活方式，然而建筑的纪念性依然是表达价值的一个重要手段。[1]当代中国建筑对纪念性的追求有许多方面，比如大型公共建筑中“纪念性”被推向了极端，也深刻地影响着从规划到城市设计的建造实践。

（3）新奇（Novelty）

当代中国社会对于“创新”价值的过度推崇，助长了对于建筑新颖造型的追求。当代消费文化的症候使得建筑形象必须有足够的视觉冲击力，从而导致了建筑形式的极端异化。

（4）快速（Swiftness）和廉价（Cheapness）

当代中国建筑的快速和低成本建造，已经成为中国建造的特征。这里，“廉价”或许并不仅仅意味着低成本的建造，同时暗指建造品质的低廉。然而，快速和“廉价”或者粗糙的品质，一方面作为既成现实的存在状态，另一方面也是建筑师必须积极面对并发掘出新的当代建筑可能性的源泉。我们是否可以重新审视快速和廉价的积极意义，并创造出具有当代中国特征的建筑美学？

（5）异托邦（Heterotopias）

福柯用这个词来形容在一个单独的真实位置和场所同时并立安排几个事故并不相容的空间和场所。在许多文化中都有这样虚拟语境的场所或者非场所。当代中国城市中充满了这样的场所——同时包含着自相矛盾和自相冲突的几个不同空间，成了异文化的飞地。

2. 操作框架

建筑总是在专业的自主性和对资本、政治的依赖两者之间徘徊并挣扎前行。然而中国的语境，在当代国际经济和政治急速变迁的全球背景中，又凸显其复杂性。因此中国当代青年建筑师的实践，受制于经济、政治和文化，虽然无法穷举制约建筑实践的所有制度性要素，但或多或少可以和这组关键词产生关联。

（1）不确定性（Uncertainty）

不确定似乎是一个充满哲学意味的命题。然而在当代中国，它却始终以一种戏谑的方式和建筑师们周旋：从功能、所有权、决策人到具体实施的各个方面如资金、工期等琐碎复杂的细节，不确定性给建筑师们带来了太多的制约，却也成为建筑师应对实践对策的最好的借口。可变动性、普适，或者至少是预留发展和变化余地的建筑策略，在面对不确定性时被最大程度地激发出来。

（2）空间政治（Spatial Politics）

历史学家常常感叹：民主和强权政治或许各有利弊。而中国当代社会政治的走向对于建筑的影响却是显而易见的。按照列斐伏尔的理论，空间的生产是意识形态固化和体现的过程。建筑和城市，完全可以从政治经济学的角度被阐释，将其视作对其身后的政治和经济权力的物化体现。如果能够有正确的引导，政治对于建筑和城市规划也可以产生非常正面的影响。

（3）可持续性（Sustainability）

虽然近几年来可持续性观念被广泛接受，生态技术在建筑中普及运用，但或多或少仅停留在似是而非的层面。在“可持续”这柄大伞之下究竟包含哪些内容，在中国可持续发展的理念又有着怎样的表现形式，在可持续的框架下如何容纳不同的甚至是相互冲突的价值判断，这些都是当代中国谈到可持续概念时有待梳理的脉络。

（4）都市性（Urbanity）

都市性是一个和现代性密切相关的概念。当代中国城乡差异的特殊条件使得当代中国的大部分建筑实践是和都市环境的品质与特性不可分割的。建筑首先必须在它所处的都市环境中被构想和建造，没有都市问题的存在，也就没有当代中国建筑诸如“大”“纪念性”这样的命题。

（5）草根运动（Grassroots Movement）

草根代表社会底层民众的力量。虽然中国长期以来缺乏健全的市民社会，但日益增强的民众主体意识，仍然可以被视作激发一种自下而上的都市进程的开端。而在当代科学技术突飞猛进并得以日益推广的背景下，市民意识的不断增强为推动文化的大众化、平民化、草根化，提供了极大的可能性。

（6）怀旧（Nostalgia）

在当代中国，怀旧作为一种文化现象，渗透在文学、艺术、电影等诸多领域，并与我们这个视觉时代的怀旧消费结合在一起。在建筑和城市的领域则表现为对携带历史文化信息的建成环境的重新评价，以及追寻一种已经或正在消失的历史情境。过度怀旧也会导致一种热衷于人工再造和虚拟历史情景的危险，并扼杀当代建筑思维的创新能力。

3. 话语工具

如果说当代中国的建筑实践已经引起了世界的关注并常常和西方国家的当代建筑实践同台展示，中国的建筑师们也在镁光灯的闪烁中成为国际建筑杂志的主角，那么中国的建筑理论则是“一片贫瘠”（朱涛语）。中国当代建筑的理论话语，要么是西方记者和研究者发表的、

常常是隔靴搔痒的建筑评论，要么是沉迷于追随西方的热门建筑理论和话语，真正缺乏的是既了解西方建筑理论的思想方法，又谙熟当代中国的政治经济文化语境的有针对性的批评话语。

（1）建构（Tectonics）

随着几年前弗兰普顿的《建构文化研究》被翻译和推介到中国，当代中国掀起了一股建构研究的热潮，不止于理论的探讨，明星建筑师的作品也被放在建构的理论框架中加以检验，似乎不符合建构标准的建筑就不是好的建筑。关于建构引发的讨论也被引入传统中国建筑的营造，却忽略了这是一个纯粹西方的概念，缺乏适应中国语境的当代转化。

（2）地域主义（Regionalism）

当年由芒福德、仲尼斯和弗兰普顿这些理论家所倡导的地域主义以及对其进行修正的批判的地域主义，在几十年里是对现代主义进行反思的重要理论工具，也成为了如阿卡汉建筑奖这样的国际大奖的评审标准之一。当代全球化语境下，地域主义已经成为创造新奇形式的工具。[2]而当代中国对于地域主义的运用，也常常离不开一种中国建筑的意象， 或者说和“中国性”（Chineseness）这个概念紧密相联。

（3）批判的实用主义（Critical Pragmatism）

当今世界两种重要的思想文化运动，“新实用主义”（New Pragmatism）和“新儒学”（New Confucianism），是在美国和亚洲出现并兴盛的。批判实用主义则是与之相关的哲学思想，尽管批判理论貌似总是对实用主义的抵抗。批判的实用主义似乎为我们在抵抗和顺从之间指明了一条中间道路。当代西方建筑理论界的批判-后批判之争中或许有许多思想的火花来自批判的实用主义。当代中国社会的发展轨迹似乎和这个概念有着某种暗合。

（4）日常性（Everydayness）

对于日常生活的关注，在中国建筑理论界又和现象学的视角联系在一起，为青年建筑师们提供了一种反对纪念性和宏大叙事的思想武器。当然在中国当代建筑的实践中，真正能够抵抗“大”的诱惑而从事日常性发掘工作的建筑师永远不会成为主流，但是中国建筑专业的学生们在进行国际联合设计时又时常求助于日常性城市思想方法。

（5）场所（Place）

自从舒尔茨的《场所精神：迈向建筑现象学》一书被介绍到中国，建筑现象学的思想方法以各种各样的面貌在中国建筑理论界涌现。其核心的理念，就是那个说不清道不明的“场所”，希腊语“Genius Loci”已经被等同于中国语境中任何一个空间或者地方，并且建筑师的设计说明中最常提到的设计目标就是“场所”和“场所感”的营造。不可否认，“场所”的确是相当长的一段时间内最有影响力的关键词。

（6）运算（Computation）

事实上尝试着用“computation”这个词来概括相关的理论和方向，是冒着以偏概全的极大风险的，在设计方法和计算机技术不断更新的今天，参数化、动态或称互动建筑、算法、涌现，代表着越来越多的和计算机技术有关的实践方向，当代中国二三十岁的这一批年青建筑师们迅速地拥抱了这类数字化的设计方法，创造着前所未有的新形式，并尝试着从哲学和世界观的角度来理解运算技术对人类未来的引领作用。

4. 实践策略

面对上述的现状与诉求、操作框架以及话语工具的影响，当代中国青年建筑师将发展出怎样的实践策略？他们如何在全球／地方、批判／合作、传统／革新、精英／民粹这些对立的关系中确立自己的立场，既能够实现建筑建成的理想，又保持审慎的距离和一定的批判性？

（1）协商（Negotiation）

当代中国建筑的前行，事实上总是在与甲方、政府官员和社会的各种力量之间的讨价还价中达成的。这种协商的机制，既是对建筑师的一种束缚和限制，同时又是对建筑自主性与建筑师服务性角色的重新审视。当代的青年建筑师们或多或少地掌握了这种策略，并尽量使之为自己的设计目标服务。

（2）倡导式（Advocacy）

与当代中国草根文化的兴起相伴随的，是对于公众参与在建筑和城市规划领域作用的全新认识。倡导式泛指一种反精英的文化姿态，和对公民地位的认同。由于近年来的几次自然灾害的发生，在全民自发救灾的过程中公众参与和社会伦理方面的价值反而被凸现。建筑师和艺术家们参与的震后造家等众多公益性质的设计和建造活动，提醒着当代的青年建筑师群体关注民生和社会公平、公正的议题。

（3）权宜（Makeshift）

中国文化的“中庸之道”，为我们提供了一种“权宜”的发展思路，这不是对社会现实做道德或者法律的考量与评判，而是对中国当下现实的接受与承认。正在走向成熟的中国青年建筑师熟悉西方建筑的特点和潮流，同时又能够深刻地理解中国的现状与局限，从而发展出一套“权宜”的建筑策略。“权宜建筑”不是对现实的妥协，而是一种机智的策略，是在建筑的终极目标与现实状态间的巧妙平衡，是对自身力量和局限的正确评价，是充分重视力所能及的“低技”策略和能够实现的可操作性策略。

（4）形式主义（Formalism）

形式主义事实上是建筑学学科内核的重要组成部分。对于形式的关注是建筑师的集体无意识，甚至无论建筑师如何标榜自己脱离了单纯的形式趣味，他的血管中始终流着形式的血液。并且，当代中国的建筑执业环境使得我们绝大多数的竞赛和投标的评判是基于一种形式主义的考量。

（5）全球地方性(Glocal)和中国性(Chineseness)

当代中国的青年建筑师许多具有国际学习的背景，这种来自国际经验和视野的敏感是他们更主动地思考建筑实践的立场以及在全球化-地方性的二元对立中选择的位置，及如何以当代方式来诠释中国性的问题。

5. 结语

建筑师和关键词不是一一对应的关系，而是多重对应的关系，每个建筑师的实践可能反映多个关键词的影响。24个关键词的关系，展现当代青年建筑师们面临着纷繁复杂的思潮和趋势的影响。在急速变迁的社会政治环境及铺天盖地的建筑资讯的当代，如何甄别和保持自己独特的立场，并能够在一定程度上保持作品和实践策略的延续性，这或许是他们这一代人面临的主要挑战。

李翔宁
同济大学建筑与城市规划学院副院长

[1] 参见William J.R. Curtis 2003年10月13日在剑桥大学的演讲”Modern Architecture and Monumentality”

[2] Alan Colquhoun. The Concept of Regionalism. In Gülsüm Baydar Nalbantoglu and Wong Chong Thai (eds.). Postcolonial Space(s). New York: Princeton Architectural Press, 1997.

鸣谢

本卷面世得益于：
-李翔宁教授对本书的启发
-Joseph Di Pasquale以及l' ARCA International Magazine的信任
-Harry Den Hartog, 薛求理, Rory Stott对当代中国的详实记载
-MARK杂志以及Arthur Wortmann、ArchDaily以及Roberto Banura、STUDIO建筑与城规杂志以及Romolo Calabrese的支持
-胥一波对该研究必要的理论支持
-以及这个故事的每位主角，与我们耐心探讨、深入交流他们最本质的想法: 张永和，刘家琨，马岩松，刘晓都， 张轲 ，齐欣，陈屹峰，严迅奇，李晓东，李虎，张雷，张斌，朱锫，徐甜甜，刘宇扬，陆文宇

我们非常感谢：

每位对该项目提供深入的理论及实践支持的合作者、学者和作家。
Edoardo Giancola, Martijn De Geus (《世界建筑》杂志), Christopher Lee (哈佛大学设计学院), Remo Dorigati (米兰理工大学), Matteo Poli (米兰理工大学), Stig L. Anderson (SLA Urbanity Strategy Landscape), Alessandro Mendini, Daniel Gillen, 周榕(清华大学), Laura Trombetta Panigad (Abitare China), Jérémie Descamps (Sinapolis), 秦蕾(同济大学), Roland Karthaus (东伦敦大学), Ke Feng (宾夕法尼亚大学), Susan Scanlon and Denise Scott Brown (Venturi Scott Brown Associate)。

每位激发灵感、给予支持和建议的建筑师、编辑和研究员。
Andrea Vertone, Martin Huba, Katerina Dimova, 张艾, 郑为中, Harry den Hartog, Georgia Stellin, Ettore Santi, Leonardo Citterio, 赖振宇, Ilaria Baldini, 倪雅, Basak Sakcak, Burcu Yuksel, Berke Karadeniz, Giada Pazzi, Valentina Zecca, 王婧, 徐舟。

每位推广过该研究项目的编辑、策展人和记者，使更多人能看到本书。
威尼斯双年展基金会, David Keuning (MARK Magazine), Francesca Esposito (Domus), Rory Stott, Vanessa Quirk and Karissa Rosenfield (ArchDaily), Celia Mahon-heap, Justin-Paul Villanueva, Philip Stevens and Nina Azzarello (Designboom), John Hill (World-Architects), Verena Lindenmayer (Architekturclips), Anasol Pena-Rios (埃塞克斯大学), Elena Cardani (米兰理工大学), 韩欣桐(辽宁科技出版社)。

每位协助采访和信息收集的翻译、助理和公关人员。
潘笛，戴西云，齐子樱(MAD建筑事务所), Fiona Hua (朱锫建筑设计事务所), 张云 (都市实践建筑事务所), Yuki Cheung (许李严建筑师事务有限公司), 陈诚 (OPEN建筑事务所), Ding Xi (张雷联合建筑事务所), 刘莹 (家琨建筑设计事务所), 邢大伟，杨普(非常建筑工作室), 曹飞乐(刘宇扬建筑事务所), 刘小庄(刘勃麟艺术工作室)。

每位尽力奉献其摄影作品的摄影师。
Marco Cappelletti, Evan Chakroff, 孟岩, 吴其伟, 夏至, 苏圣亮, 姚力, 舒赫, Takeshi Nakasa, Nacasa & Partners, 张嗣烨, 方振宁, Jeremy San, Congfu King, 冯成, Andy Liang, Christian Mange, Carlos Barria, Jonathan Dresner, Victor Grigas, Mark B. Schlemmer。

本书的实现得益于:
朱剑飞（《中国当代建筑史》），Rowe Peter and Kuan Seng (Essence and Form), Joseph Grima (Instant Asia), Rem Koolhaas (Mutations)，哈利·邓·哈托格(《上海新城》), 李翔宁 (Avant-garde and Contemporary Chinese Architecture), Edelmann, Frédéric, and Jérémie Descamps (Positions)。

每个相信、支持我们，展出该研究项目并提供赞助的机构。
威尼斯双年展基金会, 深港城市／建筑双城双年展, Studio X-Beijing, Fondazione Italia-Cina; Ordine degli Architetti, Pianificatori, Paesaggisti e Conservatori della provincia di Milano; 米兰理工大学建筑与城市规划学院; Circolo Filologico Milanese; Associna; Ordine degli Architetti, Pianificatori, Paesaggisti e Conservatori della provincia di Torino, 同济大学。

The Condition of Chinese Architecture
中国建筑现状

作者	**丛集著者**	**中文编辑**
Pier Alessio Rizzardi 张涵坤	哈利·邓·哈托格 Rory Stott 薛求理 李翔宁	张艾，郑为中

www.tcathinktank.com

目录

文献来源

Allinson, Robert E. "Understanding the Chinese mind: The philosophical roots.", Oxford University Press, 1989.

AlSayyad, Nezar. Hybrid Urbanism: On the Identity Discourse and the Built Environment. Praeger, 2001.

Aureli, P.V., The Possibility of an Absolute Architecture, The MIT Press, Cambridge, 2011.

Aureli, P.V., The Project of Autonomy: Politics and Architecture Within and Against Capitalism, Princeton Architectural Press, New York, 2008.

Baum, Richard. Burying Mao: Chinese politics in the age of Deng Xiaoping. Princeton University Press, 1996.

Benjamin, Walter. The work of art in the age of mechanical reproduction. Penguin UK, 2008.

Bert Bielefeld, Lars-Phillip Rusch, 'Building Projects in China. A Manual for Architects and Engineers', Basel, Bosto, Berlin, Birkhauser Publisher of Architecture, 2006.

Borysevicz, Mathieu, Robert Venturi, and Clarisa Diaz. Learning from Hangzhou. Timezone 8, 2009.

Bosker, Bianca. Original copies: architectural mimicry in contemporary China. University of Hawai i Press, 2014.

Bracken, Gregory. Aspects of Urbanization in China: Shanghai, Hong Kong, Guangzhou. Amsterdam University Press, 2012.

Bray, David. Social space and governance in urban China: The danwei system from origins to reform. Stanford University Press, 2005.

Cai, Yanxin. Chinese Architecture: Introductions to Chinese Culture. Cambridge University Press, 2011.

Campanella, Thomas J. The concrete dragon: China's urban revolution and what it means for the world. Chronicle Books, 2012.

Caroli, Flavio. "Arte d'Oriente, Arte d'Occidente." Per una storia delle immagini nell'era della globalità, Mondatori Electa SpA, 2006.

Chan, Kam Wing; Buckingham, Will. Is China Abolishing the Hukou System? China Quarterly, 2008.
Chaslin, Fran ois, and Rem Koolhaas. Architettura della tabula rasa: due conversazioni con Rem Koolhaas, ecc. Electa, 2003.

Chen, Lei. The New Chinese Property Code: A Giant Step Forward?. Electronic Journal of Comparative Law 11.2, 2007.

Chey, Ong Siew. China Condensed: 5,000 Years of History and Culture. Times Editions-Marshall Cavendish, 2005.

Chomski, Noam, and Heinz Dietrich. "La sociedad global, educación, mercado y democracia." México, Joaquín Mortiz, 1995.

Chomsky, Noam, and Michel Foucault. The Chomsky-Foucault debate: on human nature. The New Press, 2006.

Christie, Clive J. Modern History of Southeast Asia: Decolonization, Nationalism and Separatism. IB Tauris, 1996.

Chung, Chuihua Judy, et al. "Project on The City 1 Harvard Design School Great Leap Forward." (2001).

Citterio, Leonardo; Di Pasquale, Joseph. Lost in Globalization. Jamko, 2015.

Clark, Clifford. "Jeffrey W. Cody. Exporting American Architecture, 1870 - 2000. New York: Routledge. 2003.

Coase, Ronald, and Ning Wang. How China became capitalist. Palgrave Macmillan, 2012.

Cockain, Alex. Young Chinese in Urban China. Routledge, 2012.

Cody, Jeffrey W. Building in China: Henry K. Murphy's" adaptive architecture," 1914-1935. Chinese University Press, 2001.

Cody, Jeffrey W. Exporting American Architecture 1870-2000 (Planning, History and Environment Series). Routledge, 2003.

Colin Rowe; Fred Koetter, Collage City. Cambridge, 1978.

Creel, Herrlee Glessner. "Chinese thought, from Confucius to Mao Tse-tung." University of Chicago Press, 1953.

Croizier, Ralph, Review Article: Modern Chinese Architecture in Global Perspective, World History Connected. University of Illinois Press, 2012

Davis, Edward L. Encyclopedia of contemporary Chinese culture. Taylor & Francis, 2009.

De Mente, Boye. The Chinese mind: Understanding traditional Chinese beliefs and their influence on contemporary culture. Tuttle Publishing, 2011.

Deamer, Peggy. Architecture and Capitalism: 1845 to the Present. Routledge, 2013.

Den Hartog, Harry. Shanghai New Towns: Searching for Community and Identity in a Sprawling Metropolis. 010 Publishers, 2010.

Denison, Edward, and Guang Yu Ren. Modernism in China: Architectural visions and revolutions. Wiley, 2008.

Dirlik, Arif. The origins of Chinese communism. New York: Oxford University Press, 1989.

Domenach, Jean-Luc. China's Uncertain Future. Columbia University Press, 2014.

Dubrau, Christian. Sinotecture: new architecture in China; neue Architektur in China. DOM publ., 2008.

Edelmann, Frédéric, and Jérémie Descamps. Positions: Portrait of a New Generation of Chinese Architects. Cité de l'architecture & du patrimoine. Barcelona, 2008.

Eric Eckholm, Eliot Kiang, Neville Mars, Karon Morono-Kiang, Jonathan Napack, Luo Peilin, Richard Vine. Beijing 798: Reflections On Art, Architecture And Society In China. Timezone 8, 2005.

Esherick, Joseph, ed. Remaking the Chinese City: Modernity and National Identity, 1900 to 1950. University of Hawaii Press, 2001.

Esherick, Joseph, Paul Pickowicz, Andrew George Walder. The Chinese cultural revolution as history. Stanford University Press, 2006.

Esherick, Joseph. Remaking the Chinese City: Modernity and National Identity, 1900 to 1950. University of Hawaii Press, 2001.

Fairbank, John King, and Merle Goldman. "A New History." Cambridge, Mass, 1992.

Fairbank, John King. The United States and China: Fourth Edition, Revised and Enlarged Harvard University Press, 1983.

Fairbank, Wilma; Spence, Jonathan. Liang and Lin: Partners in Exploring China's Architectural Past, University of Pennsylvania Press, 2008.

Fletcher, Banister. A history of architecture on the comparative method. Рипол Классик, 1931.

Francoise Ged, Frederic Edelmann, 'Positions, a portrait of a new generation of Chinese architects', New York, Actar, 2008.

Friedman, Edward. National identity and democratic prospects in socialist China. ME Sharpe, 1995.

From politics to health policies: why they're in trouble. The Star (South Africa), HighBeam Research, highbeam.com, 2015.

Gernet, Jacques. A history of Chinese civilization. Cambridge University Press, 1996.

Grima, Joseph, and Gaia Cambiaggi. Instant Asia: l'architettura di un continente in trasformazione. Skira, 2008.

Harvey, David. The condition of postmodernity. Vol. 14. Oxford: Blackwell, 1989.

Hietkamp. Lenore. Laszlo Hudec and The Park Hotel in Shanghai. Diamond River Books, 2012.

Hsia, R. Po-chia. A Jesuit in the Forbidden City: Matteo Ricci 1552-1610, Oxford University Press, 2012.

Huang, Rui, ed. Beijing 798: reflections on art; architecture and society in China. Timezone 8, 2004.

Hui, Keith KC. Helmsman Ruler: China's Pragmatic Version of Plato's Ideal Political Succession System in The Republic. Partridge Publishing Singapore, 2013.

Huntington, Samuel P. The clash of civilizations and the remaking of world order. Penguin Books India, 1997.

Huppatz, D. J. "Globalizing corporate identity in Hong Kong: Rebranding two banks." Journal of Design History 18.4, 2005.

Ikenberry, G. John. The Rise of China and the Future of the West. Foreign Affairs-New York, 2008.

James Saywell, Presence: The Architecture of Rocco Design, MCCM Creations, 2012.
Jiang, Yanpeng. New wave urban development in Shanghai: planning and building the Hongqiao transport hub and business zone. Diss. University of Leeds, 2014.

Jonathan D. Spence, To Change China: western advisers in China, Penguin Books, 1980.

Di Pasquale, Joseph. Città Densa, Jamko Edizioni, 2012.

Keswick, Maggie, Charles Jencks, and Alison Hardie. The Chinese garden: history, art and architecture. Harvard University Press, 2003.

Koolhaas, R., Junkspace, Edizioni Quodlibet, Macerata, 2006.

Koolhaas, Rem, and Sanford Kwinter. Rem Koolhaas:: Conversations with Students. No. 30. Princeton Architectural Press, 1996.

Koolhaas, Rem, et al., eds. Great Leap Forward: Harvard Design School Project on the City. Taschen, 2001.

Koolhaas, Rem, Hans Ulrich Obrist, and Kayoko Ota. Project Japan: Metabolism Talks--. Ed. James Westcott. TASCHEN GmbH, 2011.

Koolhaas, Rem; Boeri , Stefano; Kwinter, Sandorf; Tzai, Nadia; Ulrich Obrist, Hans. Mutations. ACTAR, 2001.

Koolhaas, Rem. "Junkspace. Macerata." Quodlibet, 2006.

Koolhaas, Rem. "Singapore songlines: portraits of a Potemkin metropolis... or thirty years of Tabula Rasa." Quodlibet, 2010.

Koolhaas, Rem. The generic city. Sikkens Foundation, 1995.

Lou, Qingxi. Traditional architectural culture of China. China Travel and Tourism Press, 2008.

Lu, Duanfang. Remaking Chinese urban form: modernity, scarcity and space, 1949–2005. Routledge, 2006.

Maxfield, Jack E.,A Comprehensive Outline of World History. Grove Texts Plus, 2009.

Meyer, Michael. The last days of old Beijing: life in the vanishing backstreets of a city transformed. Bloomsbury Publishing USA, 2010.

Mungello, David. The Great Encounter of China and the West, 1500–1800. Rowman & Littlefield Publishers, 2012.
N. Sinopoli, V. Tatano. Sulle tracce dell' innovazione. Tra tecniche e architettura. Franco Angeli, 2002.

Norberg Schulz, C., Genius loci – Paesaggio, ambiente, architettura, Edizioni Mondadori Electa, 1997.

Norberg-Schulz, Christian. "Genius Loci: Towards a Phenomenology of." Architecture, New York, 1984.

Olds, Kris. Globalizing Shanghai: the 'global intelligence corps' and the building of Pudong. Cities 14.2, 1997.

Oswald Mathias Ungers, Architettura come tema – Architecture as Theme. Quaderni di Lotus, Mailand, 1982.

Otero-Pailos, Jorge. "Bigness in context: Some regressive tendencies in Rem Koolhaas' urban theory." City 4.3, 2000.

Qijun, Wang. Ancient Chinese Architecture Vernacular dwellings. Springer, 2000

Rowe Peter G.; Kuan Seng. Architectural Encounters with Essence and Form in Modern China, MIT press, 2002.

Rowe, Colin, and Fred Koetter. Collage city. Mit press, 1983.

Rowe, Peter G. East Asia modern: Shaping the contemporary city. Reaktion books, 2005.

Rowe, Peter G., and Seng Kuan. Shanghai: architecture and urbanism for modern China. Prestel Publishing, 2004.

Salingaros, Nikos Angelos. Anti-architecture and deconstruction. Umbau-Verlag Harald Püschel, 2004.

Schmal, Peter Cachola, Contemporary Chinese Architects,by By Peter Cachola Schmal, Zhi Wenjun, Deutsches Architekturmuseum. Jovis, 2009

Schwarcz, Vera. Place and Memory in the Singing Crane Garden. University of Pennsylvania Press, 2008.

Slater, Leida. 1406 Establishments: Forbidden City. CreateSpace Independent Publishing Platform, 2012.

Slavicek, Louise Chipley, and Ieoh M. Pei. IM Pei. Infobase Publishing, 2009.

Slavicek, Louise Chipley. I.M. Pei: Asian Americans of Achievement. Chelsea House Pub, 2009.

Song, Enrong. Shanghai: transformation and modernization under China' s open policy. Ed. Yueman Yeung. Chinese University Press, 1996.

Tschumi, Bernard. Architecture and disjunction. MIT press, 1996.

Ungers, Oswald Mathias, and Stefan Vieths. "The Dialectic City." Milan: Skira editore, 1997.

Van De Water, John. You Can' t Change China, China Changes You. Nai010 publishers, 2011.

Viray, Erwin, Davisi Boontharm, and Limin Hee, eds. Future Asian space: projecting the urban space of new East Asia. NUS Press, 2012.

Wang, Xin; Liu, Xianjue. Seeking the difference in the sino-west culture from the comparison of Ten Books on Architecture and Ying-tsao-fa-shih. HuaZhong Architecture, HuaZhong Architectural Magazine, CSADI, 2001.

Xiaodong, Li, and Yang Kangshan. "Chinese Conception of Space." China Architecture & Building Press (2007).

Xue, Charlie. World Architecture in China, Joint Publishing (H.K.) CO., LTD, 2010.

Yang Xin, Rihard M. Barnhart, Nie Chongzheng, James Cahill, Lang Shaojun, Wu Hung. Three Thousand Years of Chinese Paintings. Yale University Press, 2002.

Yang, Xiaobin. The Chinese Postmodern: Trauma and Irony in Chinese Avant-Garde Fiction Hardcover. University of Michigan Press, 2002.

Ye, Weili, Seeking Modernity in China' s Name: Chinese Students in the United States. Stanford University Press, 2001.

Yeh, Wen-hsin. The alienated academy: culture and politics in Republican China, 1919–1937. Vol. 148. Harvard Univ Asia Center, 2000.

Yu, Xuanmeng, and Xirong He. Shanghai: its urbanization and culture. CRVP, 2004.

Yusuf, Shahid, and Weiping Wu. "The dynamics of urban growth in three Chinese cities." Oxford University Press, (1997).

Zhang, Qiong. Making the New World Their Own: Chinese Encounters with Jesuit Science in the Age of Discovery. BRILL 2015

Zhu, Jianfei. Architecture of Modern China: A Historical Critique Routledge, 2008

文章

Botz-Bornstein, Thorsten. "WANG Shu and the Possibilities of Architectural Regionalism in China." NA 21.1, 2013.

Chan, Chris King-Chi, and Pun Ngai. "The making of a new working class? A study of collective actions of migrant workers in South China." The China Quarterly 198, 2009.

Chang, Yung Ho. "A Very Brief History of Modernity." On the Edge: Ten architects from China, 2006.

Cockrell, Cathy, The second-class workers behind China' s urban construction boom. A sociology grad student researches a vulnerable migrant labor force in a rising world power, UC Berkley News, berkeley.edu, 2008.

Cohen, Stuart. "Contextualism: From Urbanism to a Theory of Appropriate Form." Inland Architect, 1987.

Dan, Li. The Concept of "Oku" in Japanese and Chinese traditional paintings, gardens and architecture: A comparative study. Graduate School of Human-Environment Studies, Kyushu University, 2009.

Eisenman, Peter. "Critical architecture in a geopolitical world." Architecture Beyond Architecture: Creativity and Social Transformations in Islamic Cultures, 1995.

Gaubatz, Piper. China' s urban transformation: patterns and processes of morphological change in Beijing, Shanghai and Guangzhou. Urban Studies, 1999.

Kay, Andrew LK. China' s convention and exhibition center boom. Journal of Convention & Event Tourism. Vol. 7. No. 1. Taylor & Francis Group, 2005.

Lehtovuori, Panu. Temporary uses and place-based development. Theory and cases. Tampere University of Technology Kaupunkifoorumi, Salo, 2013.

Li, Yue Furusake; Shuzo, Kaneta, Takashi, Saito, Takashi; Yoshida, Yoshimasa; Park, Hyeong Geun. Quality management through construction process in China, Proceedings of the 21st International Symposium on Automation and Robotics in Construction. ISARC, 2004.

Marinelli Maurizio. Rivoluzione urbana, la Cina cambia volto: La Cina Progetta il suo futuro. Orizzonte Cina, 2011.

Marinelli, Maurizio. "Rivoluzione urbana, la Cina cambia volto." La Cina Progetta il suo futuro. Orizzonte Cina, 2011.

McDowell, Kevin. Japan in Manchuria: Agricultural Emigration in the Japanese Empire, 1932–1945. Kevin McDowell. Eras Journal. University of Arizona, 2010.

Pheng, Low Sui; Christopher H., Cross-cultural Project management for international construction in China. Journal of project management Vol.18, 2000.

Poncellini, Luca. "Park Hotel Opens Today." Casabella 75.802, 2011.

Ramish, Andrew. "Inside Out. The Changing Morphology of Beijing' s Dongcheng District" . Stanford University, 2010.

Rowe, Peter G., and Seng Kuan. Architectural encounters with essence and form in modern China. MIT Press, 2004.

Ruan, Xing. Accidental affinities: American beaux-arts in twentieth-century Chinese architectural education and practice. The Journal of the Society of Architectural Historians, 2002.

Scott-Brown, D., Talking About the Context, in "Lotus" , n.74, 1992.
Sklair, Leslie. Iconic architecture and the culture-ideology of consumerism. Theory, Culture & Society. 2010

Stott, Rory. AD Editorial Team. AD Essentials: China. ArchDaily, 2015.

Wang, Peggy. "Art Critics as Middlemen: Navigating State and Market in Contemporary Chinese Art, 1980s - 1990s." Art Journal 72.1, 2013.

Wang, Yuhong, Coordination Issues in Chinese Large Building Project. Journal of Management in Engineer, ASCE American Society of Civil Engineers, 2000.

Woetzel, Jonathan, et al. "Preparing for china' s urban billion." McKinsey Global Institute, 2009.

Wu, Fulong. "The global and local dimensions of place-making: remaking Shanghai as a world city." Urban Studies 37.8, 2000.

Wu, Weiping. "City profile: Shanghai." Cities 16.3, 1999.

Xiang-ning, L. I. "Expedient Architecture: Young Architects and Chinese Tactics [J]." Time+ Architecture 6, 2005.

Xiangning, Li. "Toward a Critical Pragmatism: Contemporary Archiutecture in China" Area 137, 2014.

Xiangning, Li. " 'Make - the - Most - of - It' architecture: Young architects and Chinese tactics." City 12.2, 2008.

Zehou, Li, and Gong Lizeng. "The path of beauty: A study of Chinese aesthetics." , 1997.

吸收现代性

第一次接触 1582～1840年
自强运动 1840～1910年
谱写建筑历史 1912～1949年
一个国家，一种建筑 1949～1978年
从后现代到世界舞台 1978～2008年
先锋派，批判主义，后批判主义

什么才是中式现代性？

“现代”“现代化”以及（两者概括而成）“现代性”，是一系列的西方概念。它们共同激励着西方过去几个世纪的文明和工业化发展进程。19世纪末、20世纪初，中国知识分子力图将这一整套西方体系引入中国，同时使绝大部分国人享受现代化带来的卫生、整洁、便利的物质条件及更好的生活品质，所以，“现代”（modern）一词在20世纪初被翻译为“摩登”，其字面含义为“时尚的”。这代表了当时中国沿海城市在物质层面的追求。

作者用40页的篇幅清晰地描绘了1582年至今，引入西方概念／科技的过程中产生的重大事件，并通过六个不同阶段分别加以详述：1582年，1840年，1912年，1949年，1978年以及2008年。每一年都标志着一段特殊时期的开始，标志着东西方在中国广袤的土地上产生的碰撞。1582年，西方正值文艺复兴全盛之时，科学在欧洲处于酝酿阶段，此时“现代性”正在敲响中国的大门。“吸收”的过程始于对西方的好奇心（“第一次接触”），到“自强运动”时中国人民的觉醒；由探寻“历史身份定义”，到“一个国家，一种建筑”背后代表的社会主义。改革开放政策给中国领导人和人民带来了融入世界舞台的机遇，这是过去150年来整个国家在曲折经历中长存的梦想。实际上，在2008年奥运会、2010年世博会期间，由世界明星建筑师在北京、上海等城市设计的巨构建筑拔地而起时，这个梦想已经得以实现。

在追求现代性的同时，中国政府领导人与各界知识分子，一致对于失去传统和自身定义有所担忧。这体现在自20世纪20年代直到90年代出现的一系列作品中，其中建筑师包括亨利·墨菲（Henry Murphy），以及南京、广州、北京、台北等地的众多中国杰出建筑师。他们认为，科技可以“现代”，但建筑形式可以采用国家过去辉煌的传统为标志，以抵抗彻底的“西化”。然而，这一理念的延续在20世纪末被大量涌入中国的西方建筑师无情中断了。

在这种“国家形式”（本书中描述为“新古典主义”或者“中国化”）逐渐被淘汰之后，作者描述了另一种“抵抗”形式，称之为“试验性建筑”，或者21世纪出现的“先锋派、批判主义、后批判主义”。这一批建筑师试图从开发商的手中解脱出来，从建设过程与材料性等角度探寻真理。本书利用可观的篇幅介绍了张永和、刘家琨、王澍、MAD、严迅奇、大舍建筑等建筑师及其作品。然而，他们的手法与西方世界，尤其是欧洲流行的建筑学设计趋势极为一致。

“吸收现代性”是这本巨著的历史及理论支柱。第10、11页出现的时间线一图，为读者在深入了解大量的史实与建筑作品之前，简洁了当地描绘出了重要时刻、事件及代表作品。看到书中出现的中国沿海大都市，以及各个著名、非著名的建筑，人们不禁会问：“中国人到底吸收了多少现代性？”“中式现代性被早期的先锋派思想家和建筑师由最初的概念向前推进了多少？”，以及最后：“什么才是中式现代性？”

这本书或许可以，或者已经给出了线索。

薛求理
香港城市大学建筑学及土木工程系

第一次影响 1582~1840年

自强运动 1840~1910年

谱写建筑历史 1912~1949年

耶稣会

殖民时期

国民政府执政

国民政府“黄金十年”

“二战”

形式

内容

大规模国家民族主义表现

小规模城市 / 乡村生活表现

现代主义
（市场为主导&试验性）

国家超级现代主义

社会主义 / 集中制度
现代主义

表达性地域主义

以中式新古典主义为
基准的学院派

现代建筑第二阶段

现代建筑第一阶段

现代风格早期及现代主义
邬达克，奚福泉，董大酉，童寯

地域主义早期
林徽因

带有中式屋顶的“准巴洛克”风格
郎世宁

带有中式屋顶的基督教建筑
亨利·墨菲

民族风格第一阶段
“中式本土风格”
吕彦直，董大酉，杨廷宝

民族风格第二阶段：
“民族形式、社会主义内容”
张开济，赵冬日，杨廷宝

中国营造学社
梁思成，刘敦桢，林徽因

1582~2015年建筑风格的变化
来源：《中国当代建筑史：历史批判理论》，朱剑飞，Routledge，2008年
图片来源：作者，2017年

一个国家，一种建筑
1949~1978年

“文革”

从后现代到世界舞台
1978~2008年

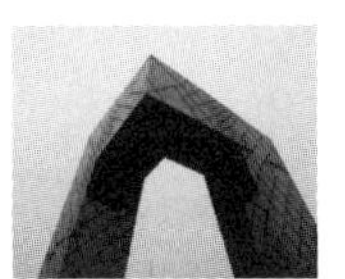

先锋派，批判主义，后批判主义
2008年至今

北京奥运会

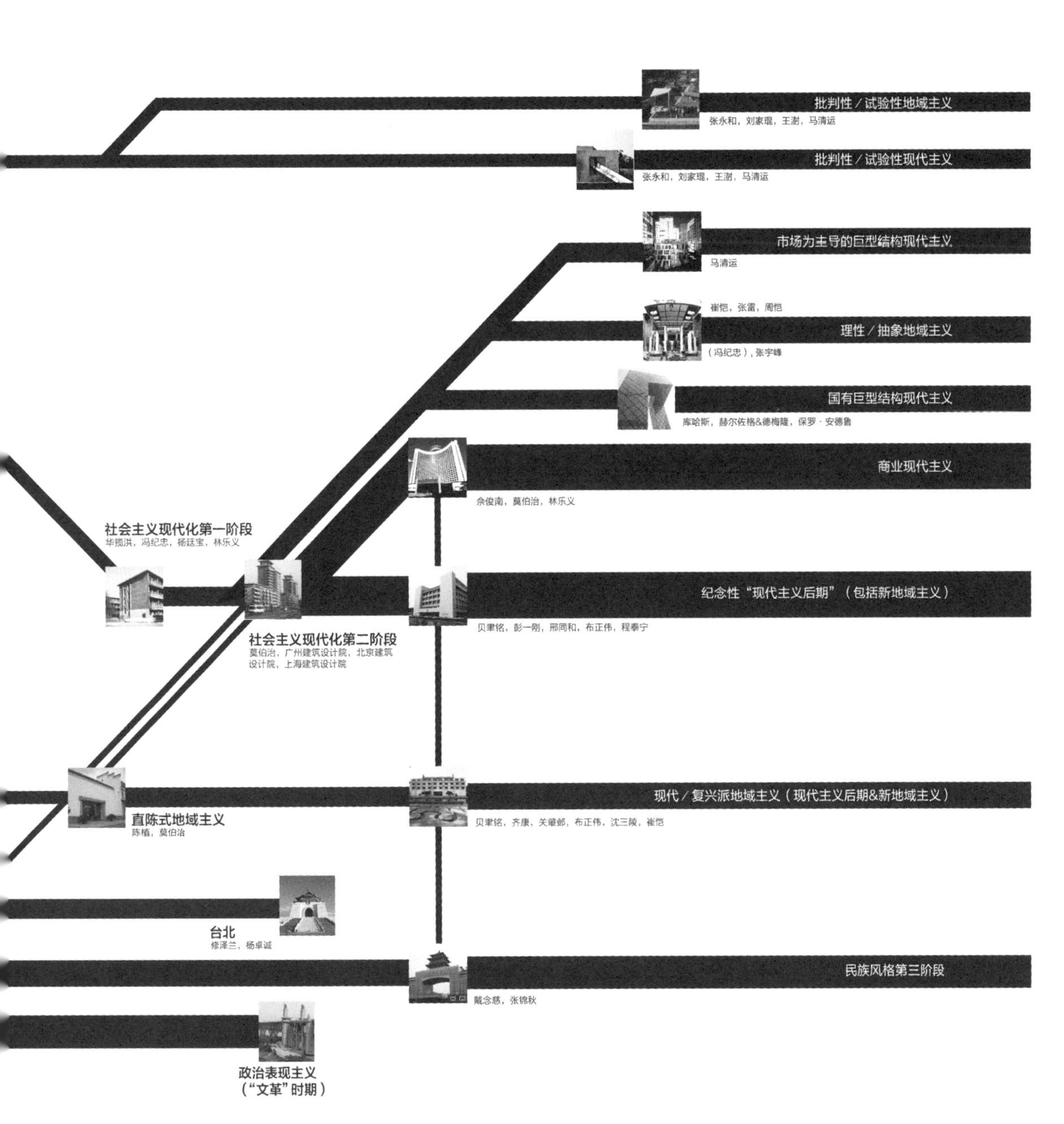

第一次接触 1582~1840年

在16世纪以前，东西方之间的交流少之又少。通过丝绸之路，中国和罗马帝国之间逐渐建立起直接的联系，但两个文明由于遥远的距离还是保持着相对疏远的关系。

利玛窦与徐光启
来源：中国图说，Athanasius Kircher，1667年
公共版权

两种文化之间的对话

第一次真正的东西方文化融合发生在意大利天主教耶稣会传教士利玛窦（Matteo Ricci）到达中国之时。1852年，年仅17岁的他，作为第一批西方传教士之一来到中国，开始学习中文。跟之前双方的接触不同的是，他不仅仅学习语言，还深度钻研中国文化，掌握中国传统经典文学。借助这种直接的沟通，利玛窦建立起了一种前所未有的两种文化之间的新交流方式。他的这一手法是具有创新性意义的；他没有用西方的文化和天主教的思想将自己束缚起来，而是运用东方文化的视角去阐述西方的概念，使得两种文化之间产生了第一次对话。他负责翻译了若干非常重要的中国经典哲学著作，也将西方有关天文学、公历历法、几何学等科学成就翻译为中文，利玛窦和其结交的士大夫兼好友徐光启合作翻译了《几何原本》前六本，介绍了西方利用客观的科学和几何透视原理来描绘世界的理念，跟中国对理想化现实的象征性表达手法这一传统大相径庭。[1]这也开启了基于几何学真实表现世界的思潮。

1 Hsia, R. Po-chia. *A Jesuit in the Forbidden City: Matteo Ricci 1552–1610*, Oxford University Press, 2012

坤舆万国全图，采用外来概念

通过与钟文涛、李之藻的合作，利玛窦绘制出了中国第一幅西式的世界地图——坤舆万国全图，使社会的变化更上了一层台阶。中国自古以来视本国为世界中心，但经过和西方的第一次接触之后，在思想上有所转变。西式地图的采用展示出其接纳外来概念的意愿，但在正式版本中，其表现形式是加以融合和修改的，将以欧洲作为中心的等级划分手法转变为以中国为世界中心的表现方式。对于扩大对世界的了解而言，这个地图至关重要。它不仅仅表现了各个不同地区所在地，也描述了一个世纪之前未曾探索到的东南亚、南亚、中东及东非这些未知区域的景象。这个新型地图以一种从未领略过的角度展示了西方世界，极大刺激了人们对于外界的好奇心。因此，他的策略就是利用基本的儒家观念接触中国文化，并用其观点来解释天主教思想，而非试图去取代中国传统观念。这些是有记载以来第一批通过文化、宗教、科学和建筑等领域而产生的接触，开启了接下来长达四个世纪之久的东西方文化、人文观念的缓慢融合。[2]

2
Zhang, Qiong. *Making the New World Their Own: Chinese Encounters with Jesuit Science in the Age of Discovery.* BRILL 2015

3
Mungello, David. *The Great Encounter of China and the West, 1500–1800.* Rowman & Littlefield Publishers, 2012

4
Yang Xin, Rihard M. Barnhart, Nie Chongzheng, James Cahill, Lang Shaojun, Wu Hung. *Three Thousand Years of Chinese Paintings.* Yale University Press. 2002

坤舆万国全图，一幅绘有世界各国的地图，利玛窦绘制，1602年
公共版权

创造出文化融合的绘画

1715年，郎世宁（Giuseppe Castiglione）作为像利玛窦一样的传教士来到中国，成为服侍过康熙、雍正、乾隆三朝皇帝并颇受赏识的宫廷画师。他在宫中用尽大半生为皇室绘制各种肖像。[3]和利玛窦相似的是，他的绘画风格是经过调整以适应中国标准的。乾隆皇帝认为欧洲使用的明暗画法中阴影好似人脸上的斑点，所以在郎世宁最有名的人像之一——乾隆像中，我们能看出正面强光的使用，这样使得人脸上不会出现阴影，产生了一种不同文化融合的绘画方式。郎世宁有关清室的诸多作品中，蕴含着强烈的西方绘画风格，这是他留下的宝贵遗产。而当时其他为皇室作画的欧洲画家，他们改变了中式绘画品位，直接用光影、透视等作为绘画的基础来绘制人像或记录当时的事件。[4]

5
Schwarcz, Vera. *Place and Memory in the Singing Crane Garden*. University of Pennsylvania Press, 2008

建筑向永久性转变的起点

郎世宁其他的贡献还包括圆明园的建筑设计，这是当时最大的皇家园林，这里产生了第一座中西混合风格的建筑——海晏堂。在这个建筑中，巴洛克式的建筑结构和象征中式的传统屋顶以及精致的东方装饰元素融合在一起。把传统的屋顶架于建筑之上形成了一种特殊的建筑语汇，对屋顶极度真实还原的手法在接下来的四个世纪里一直沿用下来。这个概念在近代建成的政府办公楼等“巨构现代主义”（Megastructural-Modernism）中仍然有所使用。[5]
郎世宁的作品展示出他将中国和西方手法融为一体的技术，创造出一种新的艺术遗产类型。而象征西方建筑身份特点的引入，则开启了建筑向永久性转变的缓慢历程，对耐久性材料的使用则成为今后用建筑维护取代不断替换材料这种建设方式的起点。

清高宗乾隆帝朝服像，郎世宁绘制，1736年
来源：北京故宫博物院
公共版权

海晏堂东立面
来源：纽约公共图书馆，Miriam and Ira D. Wallach艺术、印刷及摄影分馆，数字收藏，1786年
公共版权

进献给雍正皇帝的池莲双瑞图，郎世宁绘制
公共版权

外来观念和本地文化

利玛窦、郎世宁以及其他西方传教士的到来，是中国艺术与建筑逐渐受到西方影响这一过程的开始。西方建筑对材料的选用原则被接纳，木材被石材所取代，之后是混凝土，显示出外来观念的引入。它们并非直接完全取代原有的基本规则，而是通过逐渐的融入，将不同的知识体系融合起来，有效地引出外来观念，最终达成目标。欧洲艺术受到赏识，但同时也经过修改才能适应中国文人的品位。毋庸置疑的是，最终结果并非单纯地对某一种文化进行复制，而是为一种极大程度上受到双方共同影响的文化的产生打下基础，开启了经过多个世纪延续至今的长期交流对话。

圆明园西洋楼景区废墟最早的照片，
1873年
摄影：Ernst Ohlmer，公共版权

自强运动 1840~1910年

1840年鸦片战争之前，欧式风格的建筑数量很少。这其中包括1577年在澳门建成的几座教堂和葡萄牙人开设的商店，以及圆明园中的巴洛克风格宫殿。鸦片战争被普遍认为是中国现代化的起点。

紧随其后的是迫于欧洲列强压力之下各港口的开放、租界区的设立，以及与外部世界贸易和交流的增加。[1]租界区的结果是陌生的外来文化、经济、语言和建筑的强行介入。与欧洲经过多个世纪循序渐进的发展和改革，由传统逐渐走向现代不同的是，中国现代建筑的发展几乎是瞬间完成的。

南京金陵造局，李鸿章创办，1865年

运动

1856~1860年第二次鸦片战争的失败，以及屈于外国强权的租界区的设立，强烈地激起了人们对于自身技术远远落后于西方国家的意识。洋务运动，又称自强运动，是由政府资助的一场引进西方技术以自强的改革运动。[2]引进西方先进的军事和武装科技来提升自己对抗西方的能力在当时是十分必要的。这一运动的初期，注意力主要集中于对西方的武器、技术、科学知识的采用，以及对技术性与外交用途的教育体系的引进。后期则注重创造财富，来强盛整个国家。与西方列强签订的一系列不平等条约，导致天津、上海等地通商口岸强行开放，但也促成了跟西方的贸易沟通，同时商业、工业、农业等领域受到的关注也持续增长。[3]

1 Chang, Yung Ho. *A Very Brief History of Modernity. On the Edge: Ten architects from China*, 2006

2 Rowe Peter G.; Kuan Seng. *Architectural Encounters with Essence and Form in Modern China*, MIT press, 2002

3 Fairbank, John King. *The United States and China: Fourth Edition,* Revised and Enlarged Harvard University Press, 1983

由新古典主义走向折衷主义

在19世纪下半叶，欧式和美式建筑在设有租界区、港口或贸易区的大城市中发展起来，建筑风格由新古典主义转变为折衷主义。租界区内的外国居民有权进行贸易往来、创立教会，以及自由地生活和旅行。

上海和天津是最先开始出现混合式建筑风格的城市，从侧面反映出之前多个不同的占领国家。而之后的青岛（德占）、大连（日占）、哈尔滨（俄占）则由某一个国家单独占领，所受风格影响也完全趋于单一化。[4]被西方占领的租界区反倒成了孕育欧式建筑风格的摇篮。

大连大广场，1905年
来源：Glimpses of the East 1929~1930年
公共版权

西式标准

由于建筑安全规范的要求越来越严格，木结构慢慢弃置不用，更为耐久的砖石结构渐渐成为主流。1870年，建成了第一座里弄类型的建筑，其平面布局基于中国传统的庭院式住宅，同时融合了英式露台和四合院的类型特征。这类建筑融合了西方住宅设施的先进技术，比如通水通电，同时也强调一种强烈的社区概念，在建筑系统里创造出公共空间，由围墙和大门围合形成保护。[5]

石库门，上海，1910~1915年
来源：George Grantham Bain Collection, Library of Congress
公共版权

4
Cai, Yanxin. *Chinese Architecture: Introductions to Chinese Culture,* Cambridge University Press, 2011.

5
Bracken, Gregory. *Aspects of Urbanization in China: Shanghai, Hong Kong, Guangzhou.* Amsterdam University Press, 2012

代表性建筑

20世纪20年代初，上海是最能展现西方世界特点的城市，完全受外国文化、先进技术和艺术、时尚等新观念的影响。这里出现了许多外国公司、大使馆、银行的总部。所以1930年以来，上海成了全国其他各城市的领头羊，其自身遗留下来的财产以及租界时期留下的建筑在接下来的几十年间都一直保持着影响力。美式银行这种建筑形式的引入源于其代表经济实力的标志性，而高科技的新材料，如混凝土和钢材，则逐渐代替了传统材料，产生出新的混合式建筑风格。新材料也给新的建筑构造带来了可能，刺激新型功能空间的产生，这对整个社会的结构都造成了影响。这也是本地人主动追求、探索建筑趋势，而非由外国列强强加其上的开端。[6]

在同一年代，上海外滩成了“世界之窗”，一共由52栋建筑组成了风格迥异的国际建筑群，矗立在黄浦江边显眼的位置，而在这些建筑中进行生意往来也成了社会地位的象征。这一区域成为展示各种风格的秀场，从哥特式、巴洛克式、学院派风格，到中西方理念的融合，它们共同创造出的遗产成了今后各个时期不断效仿的对象，甚至直到今天，房地产建筑仍广泛将其作为参考。[7]

6
Cody, Jeffrey W. *Exporting American Architecture 1870–2000 (Planning, History and Environment Series).* Routledge, 2003.

7
Hietkamp. Lenore. *Laszlo Hudec and The Park Hotel in Shanghai.* Diamond River Books, 2012.

外滩
来源：seeshanghai.net
公共版权

8
Hietkamp. Lenore. Laszlo Hudec and The Park Hotel in Shanghai. Diamond River Books, 2012.

远东第一高楼

上海市中心最重要的现代建筑之一，是由饱受争议的匈牙利建筑师、逃亡到中国的拉斯洛·邬达克（László Hudec）和其他留美归来的中国学生共同设计建造的。他们设计的上海国际饭店在当时享有远东第一高楼的美誉，是一座倾向于哥特式与装饰艺术风格的摩天大楼。[8]

上海国际饭店，László Hudec设计，1929年

20世纪30年代在上海扁平的天际线鹤立鸡群的国际饭店
来源：shanghaiartdeco.net
公共版权

谱写建筑历史 1912~1949年

由于将山东领土转交给日本管辖这一条款的不公正性，中国政府退出了《凡尔赛条约》的签订，这是1919年在北京发起的“五四运动”的开端。这次反帝国主义的学生运动在文化和政治角度都有深刻意义，覆盖了政治、经济、社会等不同层面。在经历了一个世纪的束缚之后，运动中的抗议群众提倡打破传统的儒家思想，将先进的西方模式运用于中国文化背景中。这些抗议活动迅速传遍全国，表明了他们的爱国主义立场，希望国家能够建立起新形象来标志这一历史性的转折。

中国建筑师学会1933年年会合影
来源：《时事新报》1933年1月18日：《中国建筑》1卷1期，1933年7月
公共版权

宾夕法尼亚大学建筑系

八国联军入侵之后，中国政府被迫在1901年签订了《辛丑条约》，对战胜国给予巨额赔款。几年之后，美国意识到中国革命即将到来，对下一代领导人的产生影响重大，也会左右今后中美两国的关系。他们找到了一个适宜的解决方案，即设立并推广“庚子赔款奖学金”，将由中国获得的赔款用于支持中国学生赴美高校留学。[1]其中获奖学金的建筑学学生们统一前往宾夕法尼亚大学建筑系（以下简称“宾大”）。当年在宾大建筑系流行学院派（Beaux-Arts）风格，代表着受到源于法国新古典主义的西方影响，而非现代风格的影响。宾大接纳了相当一批中国留学生，他们归国之后成为改变国家面貌的中国第一代现代建筑师。[2]与此同时，当时欧洲建筑界流行的先锋派建筑，则正在掀起一系列争论的热潮，其确立的设计原则成为随之而来的现代主义运动的根基。当时的中华民国，相当一段时期内学院派风格被人们认作“现代化”或者“西化”的同义词，这建立起了一个新的国家形象，但也导致中国建筑师在很长一段时间内被国际“先锋派”（Avant-Garde）建筑圈排除在外。[3]

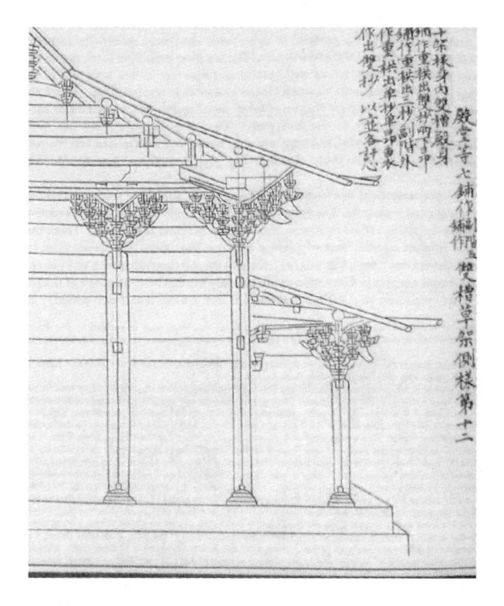

大殿的横切面图展示枕梁的斗拱，摘自李诫所编建筑规范书籍《营造法式》，公元1103年
来源：PericlesofAthens
公共版权

1
Ye, Weili, *Seeking Modernity in China' s Name: Chinese Students in the United States*. Stanford University Press, 2001

2
Li, Xiangning, *Avant-garde and Contemporary Chinese Architecture: West Bund 2013 Biennial of Architecture and Contemporary Art*. Politecnico di Milano Conferences, 2013

3
Zhu, Jianfei. *Architecture of Modern China: A Historical Critique*. Routledge, 2008

留学归来学生的身份

这段特殊的历史和政治时期赋予了建筑一种新的角色；对建筑语汇及研究范例进行重新定义，来诠释这段充满变革的时代。当时的知识界意识到，为了定义建筑的身份，首先要通过对传统的理解来定义什么是建筑。这唤醒了对历史的新认识，指出了缺乏必要的文献资料来纪录建筑构造的手法和过程这一事实。当时仅有的建筑工具书为《营造法式》，[4]其地位可与西方维特鲁威的《建筑十书》相比，但二者有着本质上的区别，因为《营造法式》是一本只记录了实用性建筑工程做法的规范书。对新一代建筑师来说，这不足以提供他们所追寻的答案。重新寻根显得非常必要，因为只有这样才能定义本国建筑的身份。

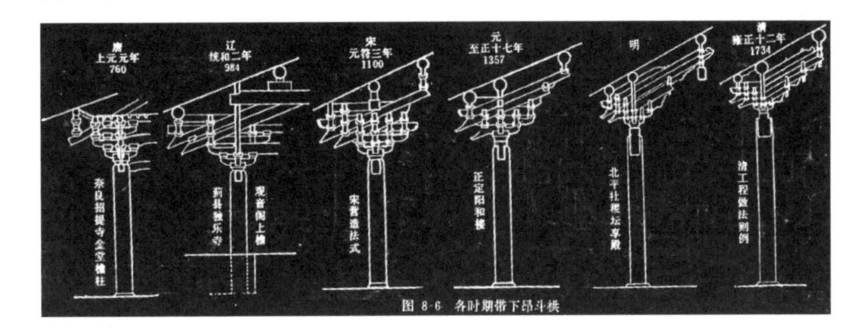

各时期带下昂斗栱分析。宋朝之前，斗栱多用于结构构件，真正起支撑作用，后来，尤其是明朝之后，由于梁柱结构的出现，斗栱大多用于装饰。
来源：arch.mcgill.ca

通过梁思成的成就寻求建筑身份定义

中国营造学社，由朱启钤于1930年创办于北京，致力于研究中国传统建筑。之后15年来，包括朱启钤、梁思成、刘敦桢、阚铎、梁启雄、单士元在内的多名建筑师，到偏远地区实地考察并测绘、记录了两千多栋建筑，由此整理出了中国各朝代建筑的珍贵数据，清晰地定义出了按时代、类型总结并归类的中国建筑发展历史。[5]梁思成和林徽音作为中国第一代现代建筑师成员，曾在宾大建筑系学习，回国时正值对于国家身份定义的争论热情高涨之时。两人利用在西方学到的表现手法和原理，重新确立了将现存建筑编入选集的重要性。[6]他们通过记录斗栱体系的发展，定义了中国建筑的身份，这是一种在梁和柱、屋顶交界处的建筑构造元素，多个世纪以来真正成了最具实际意义的了解、记录亚洲建筑的关键，也是极具代表性的主要装饰元素。[7]

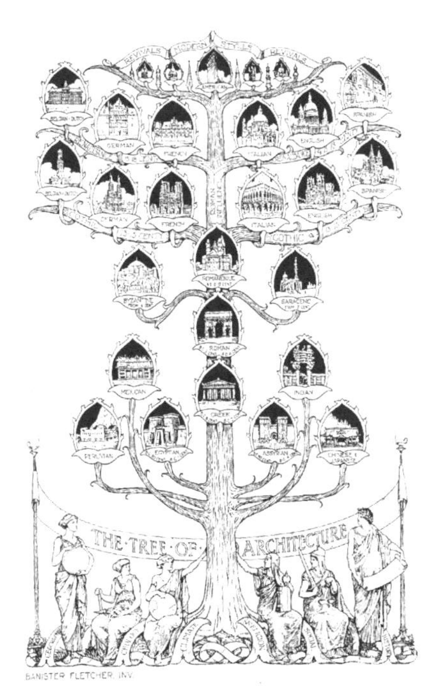

建筑之树
来源：《为学生、工匠和爱好者所作的比较建筑史》，Banister Fletcher，1896年
公共版权

4
王昕；刘先觉。*从建筑十书与营造法式的比较看中西文化的不同.*华中建筑，中南建筑设计院华中建筑杂志社，2001.

5
Cai, Yanxin. *Chinese Architecture: Introductions to Chinese Culture.* Cambridge University Press, 2011.

6
Li, Xiangning, *Avant-garde and Contemporary Chinese Architecture: West Bund 2013 Biennial of Architecture and Contemporary Art.* Politecnico di Milano Conferences, 2013

7
Fairbank, Wilma; Spence, Jonathan. *Liang and Lin: Partners in Exploring China's Architectural Past,* University of Pennsylvania Press, 2008

研究与建筑试验，以及不同风格的结果

同一时期，许多西方学者，包括一些东方学者都平行地着手研究、记录传统建筑的细节。R.A.弗莱彻（R. A. Fletcher）所著的《比较建筑史》（A History of Architecture on the Comparative Method），通过“建筑之树”[8]一图展示了世界建筑的不同类别。但中国建筑的重要性仅仅体现在一个分枝内一片名为“中国和日本建筑”的树叶上，被称为“非历史传统的”建筑。伊东忠太则是第一位记录东方建筑的东方作者；他通过钻研佛教寺庙，来研究探讨日本传统建筑的来源。伊东深受这些“外来”建筑的影响，对东方建筑有了更深入的理解。而他在关于中国建筑的叙述中，则表达出了一种通过现代手法来复兴传统亚洲建筑的理想。[9]

8
Architecture on the Comparative Method (1905),作者: Fletcher, Banister, 1833-1899

9
Shuishan Yu, *Itō Chūta and the Birth of Chinese Architectural History*, Oakland University, Rochester, Michigan, USA

10
Cody, Jeffrey W. Building in China: *Henry K. Murphy's" adaptive architecture," 1914-1935*. Chinese University Press, 2001.

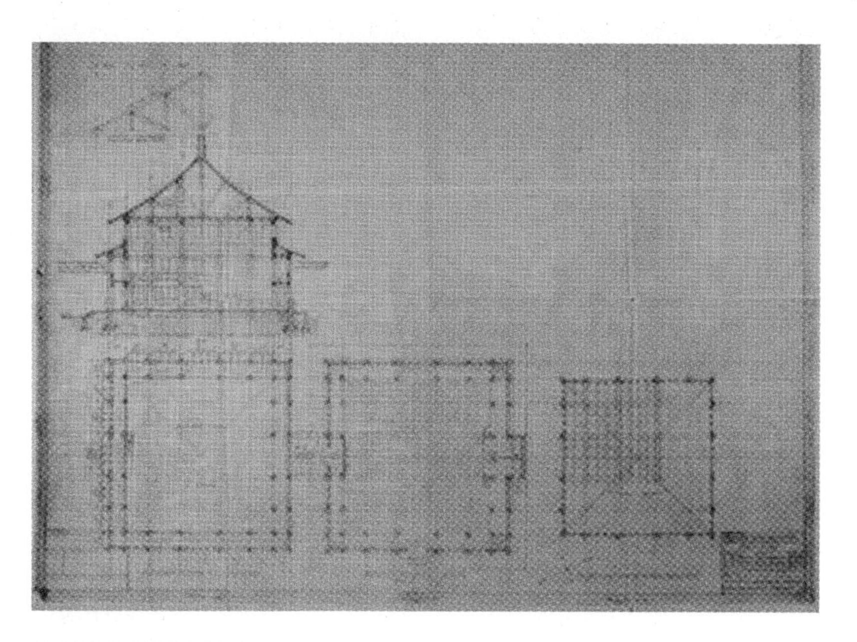

宋蔼龄纪念堂设计图，亨利·K·墨菲建筑事务所，1934年
来源：欧柏林学院山西协会电子馆藏
公共版权

民国时期的新古典主义

亨利·墨菲（Henry Murphy）所采用的空间功能组织表现手法是前所未有的。究其根源，是他从以紫禁城为首的代表性建筑中取得灵感，意图将现代化与传统相结合。他将一些传统建筑的特点运用于新的建设中，并将自己的作品以及其他迎合此类原则的建筑定义为“适应性建筑”，这个专用术语特指被当时的政府所接受并符合他们提升国家形象这一意愿的建筑类型。这是“黄金十年”（1927~1937年）中出现的建筑所包含的特点，反映出当时的中华民国和国民政府为国家复兴所作的努力。[10]

《澄衷蒙学堂字课图说》1901年，卷一中有关中国建筑的内容
来源：《中国当代建筑史：历史批判理论》，朱剑飞, Routledge, 2008年
公共版权

11
Xue, Charlie Q.L., *Building A Revolution: Chinese Architecture Since 1980*. Hong Kong University Press, 2005

12
Rowe Peter G.; Kuan Seng. *Architectural Encounters with Essence and Form in Modern China,* MIT press, 2002

13
Croizier, Ralph, Review Article: *Modern Chinese Architecture in Global Perspective*, World History Connected. University of Illinois Press, 2012

真实的结构表现才是国家现代性

杨廷宝于1947年设计的南京招商局候船厅及办公楼，是复兴中国以结构为美这一传统的范例。这里他试图将中国建筑轻于装饰的强烈几何特点融入其中。他的手法是将真实的结构表现作为主要特征，来传达出以国家自身为中心的现代性，而非受西方殖民时期风格的影响。由于接受的是学院派教育，又深受结构理性主义的影响，杨廷宝不断致力于钻研传统的结构特点。这个建筑反映出了他对过去的理解，也传达出他将传统智慧中将结构真实性的表达作为基础来定义建筑身份的理念。他的设计促成了20世纪30年代到50年代之间中国建筑身份的形成。[11]

现代主义早期的矛盾

1937~1949年抗日战争期间，曾有过短暂的现代主义建筑开端。董大酉的作品就是个例子。他当时负责上海市中心区域的几个项目，如大上海计划中的市政府大楼，即采用了一种独特新颖的手法来表现传统建筑风格。1935年，他设计的自宅却出人意料地展现了与时俱进的纯粹的现代主义特征。[12]纯净的线条，没有任何传统装饰的痕迹，展示着另外一种摒弃传统屋顶和模数化立面特征的纯粹的民族风格。这种“民族风格”既符合当时政府官员的要求，也符合保守商人的眼光，同时也能满足追求细节的建筑师们所推崇的线条整洁、不加装饰的现代主义风格。[13]内部空间也和东方的传统做法有所不同，引入了新的功能，代表不同的生活方式，以及空间的不同组织形式。

南京中央体育场，1930年
基泰工程司设计
来源：杨廷宝建筑设计资料
公共版权

合记公寓，童寯设计，1934年
公共版权

清华大学大礼堂，亨利·墨菲设计，1920年
来源：《中国建筑师》第一卷第一期，Bernard Decker Medical Library Image Gallery收藏，1933年
公共版权

一个国家，一种建筑 1949~1978年

“二战”结束后，国民党败退台湾。解放战争之后，一切都发生了改变，但建筑几乎保持原状。中国希望与西方政治体系划清界限的思想也在建筑上有所体现，即拒绝国际化的设计风格，而选择了另外一种标志来展现新中国的形象。[1]

多元化国家

1949年10月1日中华人民共和国成立之时，党的领导人面临着一个极度多元化的国家状态。建筑的不同体现着国家文化的多元，气候、地理条件的不同、获得原材料的难易程度、决定性的地域性经济条件，以及不同人口密度对建筑传统的发展造成的影响，各地之间都有很大的差异。各种风格元素和技术混杂在一起，对传统造成潜移默化的影响，在同一主题上衍生出多种多样的变化来。中国最北端连接西伯利亚以及朝鲜周边，国土覆盖了内蒙古、西藏等偏远地区，这些地区运用木、石结构，有时也混合各种泥土在表面抹灰。而流动性的建筑结构一般由木材和动物毛皮制成，出现在山地、林地、草原和半沙漠干草原地区。中国东南部、西南部地区的高山和低谷中，则采用木质结构，房屋由木桩从地面层架空。在中国关中地区沿着黄河渭水流域，共同特点则表现为外表面抹灰覆盖木质结构，或者在土丘、山坡上凿出洞穴；夯土作地基，木材为结构，中间隔墙和表面则用风干土坯、砖、木等材料覆盖。[2、3]

“中国化”（Chinesization）

中华人民共和国采用了“民族形式、社会主义”内容的口号，本国的文化借民族主义的形式，实质上展现着社会主义的内涵。在战争时期过后，全国各省经历了很长一段时间的“中国化”历程，逐渐树立起一个国家的形象，统一语言与文化。大部分来自上海、北京等地的高学历人才以及高技术工人，被派遣到欠发达地区，来支援建设和推动当地社会的发展。一方面，这些外来人才刺激了经济发展；另一方面，也将这些来自北京上海的人口置于掌权的位置。中国需要社会的凝聚；事实上，内部人口的迁移并不是个人意愿或者机遇所产生的结果。[4]这个整合过程十分艰难，因此，大城市带来的新文化其实是强加于本地文化基础上的。从这个角度来分析，即使建筑外观也需要作出改变，以便反映出一个统一、稳固的国家形象：从传统的建筑过渡为苏式建筑，是转变的标志。苏联政府积极参与中国的建设，许多城市规划专家来到中国，参与城市基础设施及纪念性建筑的规划设计。在中华人民共和国成立之后的十年中，苏联设计师规划、设计了相当大的一部分建筑，在大城市中建造了若干重要的标志性建筑。[5]

1
Christie, Clive J, Modern History of Southeast Asia: *Decolonization, Nationalism and Separatism.* IB Tauris,1996.

2
Maxfield, Jack E.,*A Comprehensive Outline of World History.* Grove Texts Plus, 2009.

3
Fletcher, Banister. *A history of architecture on the comparative method.* Рипол Классик, 1931.

4
AlSayyad, Nezar. *Hybrid Urbanism: On the Identity Discourse and the Built Environment.* Praeger, 2001

5
Friedman, Edward. *National identity and democratic prospects in socialist China.* ME Sharpe, 1995.

“苏联是我们的榜样”，1953年
来源：Chinaposter.net
公共版权

蘇聯是我們的榜樣

不同意义的同类建筑

在中华人民共和国成立之后，整整一代建筑师都在模仿苏式建筑模式，这跟从美国学到的模式并非完全不同，只是适当地作出了调整。它与前一阶段的建筑特征没有太大差别，但其意义是不一样的。如果我们对比20世纪30年代的南京“首都计划”和1959年庆祝中华人民共和国成立十周年的“北京十大建筑”，会发现差别是极其细微的。许多在美国接受同样传统学院派教育的建筑师们在1949年之后继续为中华人民共和国服务。[6]所以在中华人民共和国成立的初期阶段，不同于政府、文化、经济等方面的历史性转折，建筑的延续性是显而易见的。

6
Esherick, Joseph. *Remaking the Chinese City: Modernity and National Identity, 1900 to 1950*. University of Hawaii Press, 2001

7
Citterio, Leonardo; Di Pasquale, Joseph. *Lost in Globalization*. Jamko, 2015

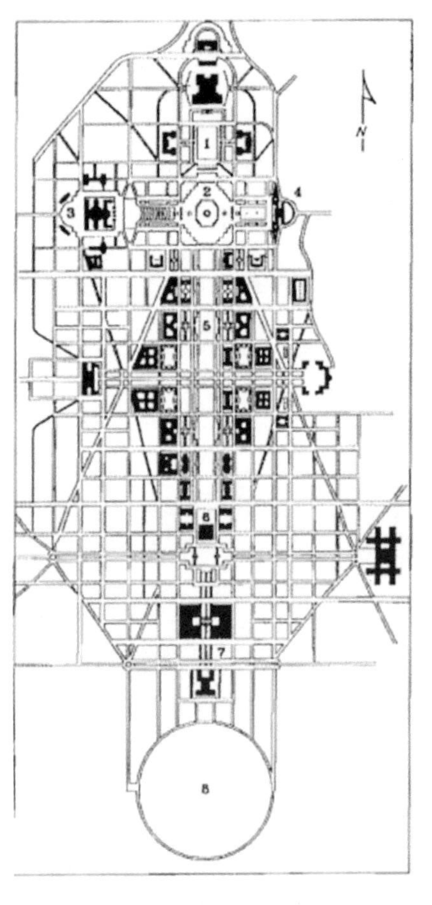

南京中心管辖区顶级规划
来源：筑梦——将南京建造为国家的首都，Charles D. Musgrove，1927~1937年
公共版权

非代表性建筑

学院派风格代表政府建筑的同时，单位大院则代表了社会性建筑。在1950年到1990年之间，这是最常见的建筑结构，能够容纳大批由乡村进入城市的人口。一方面，它涵盖了一个社区的全部需求，另一方面，对人口的控制和隔离也达到了极致。[7]它的设计是基于简洁、经济的原材料，城市基建、绿化率的标准比例，以及3~5层的统一高度，这些共同组成了封闭的社区。其结果就是同一系统的不断重复，一切都变得具有普遍性。

由大规模预制板建成的试验性居民楼，1959年
来源：Architectural Journal
公共版权

8
Kay, Andrew LK. *China' s convention and exhibition center boom.* Journal of Convention & Event Tourism. Vol. 7. No. 1. Taylor & Francis Group, 2005.

9
Li, Xiangning. *Avant-garde and Contemporary Chinese Architecture: West Bund 2013 Biennial of Architecture and Contemporary Art.* Politecnico di Milano Conferences, 2013

中国美术馆，1965年

苏式建筑的"中国化"

中国政府用在北京建成的代表性建筑来诠释对传统造型的理解，其中尤为突出的是为了庆祝新中国成立十周年而在1959年建成的"北京十大建筑"。随着时间的推移，苏联的影响逐渐减弱，取而代之的是本土化的风格。上海展览中心建于1955年，是苏式建筑影响力的鼎盛时期，相较于四年后的建筑更显"苏式"风格；北京中国美术馆建于1959年，则是传统材料和现代功能相结合的典范。于是，在苏联援建的适应期过后，中国的文化和建筑语汇开始重新探索如何定义一个国家和地区的建筑身份。[8]

上海展览中心，上海的苏式新古典主义建筑
来源：qigaipo.com

辩论范围之外

俄国革命早期的宣传海报上充斥着激进的艺术家和设计师们的构成主义作品，然而之后由于当权者对于现代主义倾向的压制，它们在苏联的存在逐渐消失。后果则是保守的新古典主义强加于上，凸显出其与现代主义建筑所代表的资本主义制度的水火不容。在和苏联互动的前提下，理性主义显得和过去30年的建筑形式格格不入。所以，那时的建筑师们与西方世界之间的信息交流完全中断，从国际建筑、艺术、文化界的辩论范围中被排除在外，对于"二战"后所产生的种种前卫运动毫不知情，包括20世纪六七十年代出现的超级工作室（Superstudio）、十次小组（Team X）、情境主义（Situationists），以及各种乌托邦理念运动等，而正是这些运动带来的改变，定义了当代建筑的身份。[9]

曹杨新村，1952年。1949年之后，为了改善上海的城市条件，采用了社会主义城市设计这一理念，不仅是出于意识形态上的考虑，也是城市模式的变化，由“消费城市”转变为“生产为主的城市”。
来源：Time Architecture
公共版权

从后现代到世界舞台 1978~2008年

中苏两国之间意识观念和政治关系的瓦解始于20世纪60年代冷战期间。80年代时，中美关系逐渐和解，这是冷战期间的关键性事件，跟柏林墙的建立、古巴导弹危机及越南战争具有同等重要的地位。中美两国关系缓解始于1972年尼克松访华；在1980年，则出现了对新型务实政策的追求，以便解决历史性争议，开始探索有中国特色的社会主义道路。[1]

香山饭店：单纯的选择问题

1978年建成的香山饭店，是自1949年以来设计的中国第一个寻求建筑身份的试验性项目。美籍华裔建筑师贝聿铭，通过寻求自身文化的根源和传统将中国建筑推进了一步。贝聿铭改变了所谓的中国本土风格的特征，寻求与东西方手法都有所不同的建筑语汇，定义出一种鲜明的中国建筑形式。这个项目的基础，是一种另辟蹊径的设计策略，将西方先进的技术与中国本土建筑的精髓紧密结合，而非单从形式上去模仿。“前现代主义”（Pre-modern）的手法是，在转向现代化之前先要研究出自身的文化身份定义。贝聿铭从传统的历史遗产中汲取风格和空间构成的灵感，在环境和建筑元素之间创造出自由的视觉连接。每个房间都朝向花园或庭院开窗，将窗框作为画框，勾勒出外界景观，并且将自然引入室内，利用现代设计手法的本质将中国古代传统的主题加以表达。整个建筑通过路径串联起来，连接各种不同的空间，描绘出一系列的美妙景象。[2]

香山饭店开辟了一种新的建筑设计手法，再现了传统空间的构成要素，创造出了一种能被多种建筑类型所采用的适应性设计方案。这个设计的重要性，体现在它对其后多年建筑设计思潮的深远影响，甚至直到今天。

1
Ikenberry, G. John. *The Rise of China and the Future of the West.* Foreign Affairs-New York- 87.1 (2008): 23.

2
Slavicek, Louise Chipley, and Ieoh M. Pei. *IM Pei.* Infobase Publishing, 2009.

香山饭店，贝聿铭设计
来源：pcfandp.com
公有领域

3
Jiang, Yanpeng. *New wave urban development in Shanghai: planning and building the Hongqiao transport hub and business zone*. Diss. University of Leeds, 2014

4
Citterio, Leonardo; Di Pasquale, Joseph. *Lost in Globalization*. Jamko, 2015

5
Olds, Kris. *Globalizing Shanghai: the 'global intelligence corps' and the building of Pudong*. Cities 14.2 (1997).

第二次革命

1978年，中国定下了在2000年中国达到现代化、实现小康水平的目标。所以，整个20世纪80年代，整体系统、科技、机制方面的计划都围绕实现现代化而制定。由社会主义体系向资本主义体系的转变影响着建设的密度。后者是基于昂贵的土地价格，使得建筑不断地向更高、更密的方向发展，以便最大化利用土地。这是租界区时期对高度和最大化利用土地之观念的重现。80年代，上海市作为发展的焦点，出现了许多重要项目，例如人民广场的综合改造、陆家嘴金融贸易区、东方明珠电视塔，填补了六七十年代发展停滞所带来的空白。[3]曼哈顿标志性的摩天楼体系在这里被用作参考。当时仅有149栋高层建筑，而仅仅十年之后，就达到了799栋。在2000年，上海市有超过3000栋高层，而这个数字在2012年达到了30000。[4]

中国式巨构后现代主义

20世纪80年代建筑创作的手法由原先的纪念性、庆祝性过渡到为城市创造地标的标志性。上海浦东新区的项目就是一个例子：80年代时，政府将美国所采用的体系作为最优经济结构的典范，并努力达到这个标准，促使整个国家为取得这一标志性的形象而努力。浦东作为这种繁荣发展的直观体现，用后现代建筑群定义着小康社会的生活水准和形象。这种情况下，很难找到背后的规则、目的、意义和深度。然而，后现代主义实际强调的是分离性、强调外观与折中主义，以及对机遇、对多样性、对极致探索的追求，同时带有讽刺和戏谑的意味。[5]

北京西站北站房主楼
摄影：Alancrh, CC BY-SA 3.0, 2010年

6
Huppatz, D. J. *Globalizing corporate identity in Hong Kong: Rebranding two banks.* Journal of Design History 18.4 (2005).

7
Joseph di Pasquale. *Città Densa,* Jamko, 2012

后现代在中国的运用，高层建筑

20世纪80年代像香港、北京、上海这样的城市，它们的城市运作、社会安置从根本上发生了变革。摩天大楼作为这一时代的标志，创造出了最具活力的情形，证明了由全球经济管理活动所引导，以都市经济市场为目标来增加吸引力、提供各种服务设施的必要性。两个外籍建筑师在80年代中期介入香港，标志着这一时代的开端：诺曼·福斯特（Norman Foster）的汇丰银行和贝聿铭的中银大厦。[6]这两个项目在各方面都颇为创新：前者体现了技术和建造的统一，后者则为一个亚洲大都会增添了一幅强有力的景象，立面上嵌入对角线的独特造型则是对传统结构的表达。[7]这些例子中，摩天大楼的建设本质上代表着建立沟通、树立宏伟建筑形象的愿望，明显意味着推动人们对新生活方式的追求：做世界的主宰，做世界上最高楼的居民。

中银大厦（香港）
来源：Legrospaumé，2008年
公共版权

8
Davis, Edward L. *Encyclopedia of contemporary Chinese culture.* Taylor & Francis, 2009.

9
Yang, Xiaobin. *The Chinese Postmodern: Trauma and Irony in Chinese Avant-Garde Fiction Hardcover.* University of Michigan Press, 2002

10
Zhu, Jianfei. *Architecture of Modern China: A Historical Critique* Routledge, 2008

11
AD Editorial Team. *AD Essentials: China.* ArchDaily. 2015

方盒子上的屋顶

最经济实用的语汇就是在装饰上做文章。这个方式能同时做到简洁而精巧。建筑的基础可能只是一个方盒子，经济且易施工，于是所有创意性的灵感都体现在外观上，这个方盒子的表皮可以催生出新的功能。[8]于是外立面便成了一种新的，同时也是建筑师唯一能做文章的地方。建筑身份再次被重新定义；人们不希望仅仅看到玻璃或者混凝土制成的盒子，而是希望再现缺失的历史。于是催生出一种趋势，用一种记述性的语汇来强调缺失的文化记忆。[9]学院派的形式主义与中国传统的主题所结合的产物，基本上都跟纪念碑性质的建筑相关联，不但没有消失，而且广泛应用于各种不同类型的建筑中。大屋顶，作为古代皇家气势最显著的特征，至今仍然频繁出现在重要的公共建筑上，如北京火车站；再如常见的瓷砖砌成的花园凉亭，也可能会极不协调地出现在一个闪耀的新摩天大楼顶部。

上海大剧院，Charpentier设计
摄影：Baycrest, CC BY-SA 2.5, 2008年

下页：
“世界建筑新舞台”
拼贴画，创意源自Simon Growing研究会拍摄于1931年学院派建筑师舞会的照片
来源：第十四届威尼斯建筑双年展*基本法则，中国现状*一展，2014年
图片来源：作者

新世界舞台

2008年奥运会和2010年上海世博会，需要多座极具代表性的地标建筑，来彰显这一历史性的时刻。这些世界级的盛事包容了传统及现代的建筑风格，民族主义和文化定位与现代化和世界大同的思想碰撞出火花。[10]
政府倾向于选择识别度高、体量巨大的标志性建筑，来寻求国际上的广泛认可。他们支持，也渴望国际建筑师介入这个舞台。这些建筑师们被召集起来，满足了对西方思想、审美观的需求，也吸引了国际媒体的关注。对于他们来说，也是一个巨大的飞跃，这一机遇使得他们的建筑设计“梦想”得以变为现实。[11]
就像将近一个世纪以前纽约的曼哈顿一样，中国现在转变成为国际建筑师的新世界舞台。

“世界建筑新舞台”
拼贴画，创意源自Simon Growing研究会拍摄于1931年学院派建筑师舞会的照片

先锋派，批判主义，后批判主义

在中国，很长一段时间内，先锋派只出现在艺术领域，因为建筑师和整个建筑学界都受到经济和政治因素的种种限制，远远落后于艺术领域的试验性项目。
20世纪80年代初以来，伴随着自由度的提高以及出国游学可能性的增加，建筑师和艺术家们开始探求自我身份的定义，先将艺术，后将建筑转化为开创性的先锋领域。

国际事务

雕塑家、装置艺术家陈箴，生长于上海，后迁至巴黎，在巴黎国立高等美术学院学习。陈箴是20世纪80年代中期第一批出国学习艺术的中国先锋派艺术家之一。他的雕塑、装置作品展现出他跨东西方大陆学习艺术的经历。[1]其作品“圆桌”，曾在联合国总部展出，表达出中国和西方世界之间新型关系的张力。这个装置作品展现了一个中式的圆形餐桌，中间设有旋转台面，周围有很多不同的椅子嵌在餐桌里，意味着无法真正入座。它批判了中国在本应享有平等对话权的国际舞台上所受到的不公正待遇。

1
Chiu, Melissa. *Transexperience and Chinese experimental art.* 1990 - 2000. Diss. University of Western Sydney, 2003.

“圆桌会议”
蓬皮杜艺术中心，巴黎
摄影：张涵坤，2015年

以“伪汉字”所做的“天书”封面
摄影：Jonathan Dresner, CC BY-SA 3.0

2
Leung, Simon, and Janet A. Kaplan. *Pseudo-Languages: A Conversation with Wenda Gu, Xu Bing, and Jonathan Hay.* Art Journal, 1999.

3
Xu Bing: Rewriting Culture, Alice Yang, Yang, Alice, *Xu Bing: Rewriting Culture, in Why Asia? Contemporary Asian and Asian American Artists.* New York University Press, 1998

4
Tsao, Hsingyuan. *Xu Bing and Contemporary Chinese Art: Cultural and Philosophical Reflections.* SUNY Press, 2011.

5
Berghuis, Thomas Performance Art in China. Blue Kingfisher, 2007.

6
Hung, Wu. Making History: Wu Hung on Contemporary Art. Timezone 8 Limited, 2008.

语汇的重组

值得一提的是，文化和语言文字改革对经历这一时期的中国现代艺术家来说是一项很大的变革。艺术家徐冰，现为中央美院副院长，1955年生于重庆，在北京成长；1990年移居美国，并且在柏林工作过。他处理身份定义问题的手法是，利用传统书法来批判中国当下的艺术。[2]与和他同时代的许多艺术家一样，徐冰大部分职业生涯中面对的是自己的文化遗产所处的杂乱无章的局面，他围绕着中国书面文字的改变，点明了过去50年中国所经历的变革，用其作为反映当时社会问题的一面镜子。他的作品将焦点集中于语言文字的组织结构原则上，目的是间接削弱、破坏其最基本的沟通功能。从正反两方面揭示文字意义缺失的同时，也反映出知识易变的不稳定性。[3]1994年他开始将英文字母压缩变形为中文形式的方块字进行创作，称之为“新英文书法”，只有讲英语的人才能看懂。他以这种方式一遍遍地复述其创作主题：一种在解构和重生之间达到了平衡状态的文化。1988年在北京展出的另外一个作品“天书”中，这位艺术家设计并印刷了超过4000个汉字。然而，这些汉字实际上是毫无意义的，其意图是针对使用这些非真实性文字的人们，激发出他们心理上的烦躁和不舒适感。而在“地书”这一作品中，他则完全去除文字，创作出用符号来表达意义的语言，包含了一种每个人都能理解的全球化理念。利用简化中文书写方式来提高识字水平，是一种从某种程度上看似随意，实际上带有强制性意味的手段。徐冰通过这些手法对社会问题进行批判，同时象征着中国古代传统文字的深层含义的遗失，与用拼音替代注音符号有同理之嫌。[4]

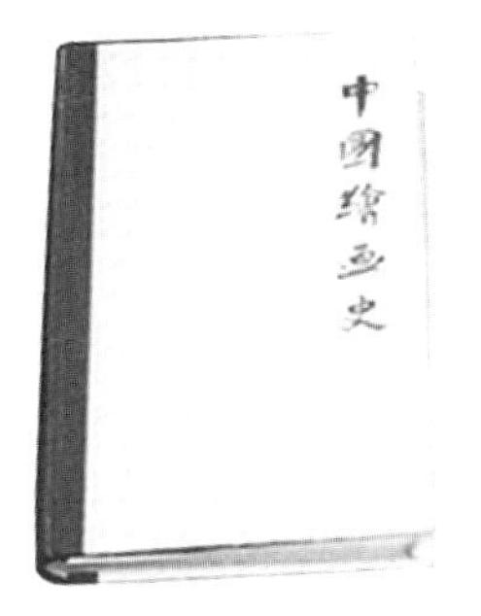

融合传统与现代

“中国绘画史和现代绘画简史在洗衣机里搅拌了两分钟”是一个看似简单，却传达着复杂内涵的作品。[5]它实质上是由两本书组成的，一本是中国知名美术史论家王伯敏所著的教科书，另一本是英国著名美术史论家赫伯特·里德（Herbert Read）所著有关西方艺术史的中文译本。艺术家黄永砯将这两本书放在洗衣机里搅拌了两分钟。这个艺术作品的目的是从根本上消除东方的传统和西方的现代之间的冲突。搅成的书渣代表着打破了传统和现代艺术这两种互相矛盾的主题之间的隔阂。这个作品被认为是反艺术史上非常重要的一笔，也是其早期艺术生涯中反艺术、反历史理念的代表。通过这个作品，他回答了一个困扰了几代中国现代学者和艺术家的疑惑：在传统与现代，在东方与西方之间，我们自身的立场到底在哪？[6]

“中国绘画史和现代绘画简史在洗衣机里搅拌了两分钟”
黄永砯，1987年
摄影：黄永砯

雕塑作品，纽约大都会艺术博物馆
摄影：Victor Grigas, CC BY-SA 3.0

为了创造而破坏

有一位艺术家、建筑师，广泛收藏传统物件，并将它们转化为自己的艺术创作过程。他将自己收藏的明朝瓷碗，以及家具统统打碎，利用这些碎片创作出各种艺术装置和表演。这位艺术家饱受争议，因为在打碎传统工艺品的同时，也贬低了它们的价值，但他的理念是，打碎这一过程就是将其转化为当代艺术的方式，从而增添了新的价值。另外一个例子是，他将明朝的椅子切割成碎片，重新组装成装置或雕塑作品。这样一来，这些物件的宿命就不仅仅局限于历史博物馆中，而是转化成了当代艺术，它的历史价值也转化成了当代价值。在过去，这些物件仅仅是古董花瓶或者椅子，而现在变成了出现在报纸、杂志封面的艺术作品。其增添的价值不仅体现在创作的过程中，也反映在对材料转化的演绎中。[7]

7
Time and Place. Guangxi Normal University Press, 2010

8
Chang, Yung Ho. *Learning from Uncertainty*. Editorial special issue on Chinese architecture, AREA Rivista di Architettura ed Arti del Progetto, 2011.

9
Rendell, Jane, Mark Dorrian, Jonathan Hill, and Murray Fraser, eds. *Critical architecture*. Routledge, 2007.

玻璃小堂，非常建筑
摄影：Designboom, 2011年

材料性

以张永和为代表的建筑师，善于运用传统的、自然的材料，对于细节和传统工艺有着更深层次的理解，从而超越了单纯的传统建筑。这些建筑师的理念是将传统建筑的品质在当今现状中加以运用。材料、技术，以及传统细节的精湛技艺，都演绎在与当代环境的相互关联中。这不是重新体现传统技艺的价值，而是重在强调如何利用传统建筑价值的手法。[8]在2005年第51届威尼斯双年展上，他就运用到了竹材，不单作为一种美学上的外立面细节处理手法，也将其作为结构材料来支撑场馆的构架。[9]

王澍设计的宁波博物馆，立面细节由回收的砖头和其他材料制成
摄影：Evan Chakroff

用实用性解构主义作为批判

改革开放政策强化了媒体的知识交流能力。其中扮演重要角色的杂志，包括北京清华大学主办的《世界建筑》，以及上海同济大学主办的《时代建筑》。这些交流，更激励着建筑师们去旅游、留学，提升设计能力和视野。这些建筑师们蔑视通过对过去形象的再现来重复传统建筑的怀旧手法。他们也反对房地产市场对学院派风格及欧洲传统风格主题的运用。当今现状促使这些批判性建筑师们在城市外围寻找建造机会，这里他们能更为自由开放地去寻求诠释本地材料的手法，通过这些作品表达建筑学的本质，而不受大开发商、大规模建设的种种大数据的强行约束限制。许多解构主义的作品，及其建筑形态的表达，都来自几十年前的西方。定义这些作品的准则为：纯粹的几何形态和简洁的建筑体量。这些作品通过参考彼得·艾森曼（Peter Eisenman）、阿尔瓦罗·西扎（Alvaro Siza）等西方解构大师的作品，诠释其对于当代建筑的关键意义。
王澍在其早期职业生涯的苏州大学文正学院项目（1999~2000年）中，就用到了

10
Li, Xiangning, *Avant-garde and Contemporary Chinese Architecture: West Bund 2013 Biennial of Architecture and Contemporary Art.* Politecnico di Milano Conferences, 2013

11
Wang Shu 2012 Laureate Media Kit, ritzkerprize.com. The Hyatt Foundation, 2012

12
Ren, Xuefei. *Building globalization: Transnational architecture production in urban China.* University of Chicago Press, 2011.

13
Zhu, Jianfei. *Architecture of Modern China: A Historical Critique.* Routledge, 2008

"实用性解构主义"（Pragmatical-deconstructivism），而非后现代主义，将其所学到的西方参考范例重新在中国的文脉中加以诠释。
20世纪90年代的建筑思潮，在之后多年一直影响着建筑师们去诠释东西方各种建筑的特点。受到来自理查德·迈耶（Richard Meier）和KFP事务所等建筑师的影响，将建筑学的争论焦点由传统建筑转移到了国际性建筑上。[10]
这一历史性时刻已经由单纯的模仿转变为探索创造。当大部分中国建筑师的主要身份还是模仿重建西方的范例之时，这些批判性的建筑师们反其道而行之，将注意力转移到其他有关身份定义的问题上。他们开始重点关注用当代建筑手法转译传统建筑的同时，如何体现建筑的"中国性"（Chineseness）。
相反的是，当每个人都理解到怎样利用西方建筑作为范例时，王澍却回归了传统的道路，推进其风格的发展并影响了许多其他建筑师。[11]利用古代绘画作为参考，王澍将自然与当代建筑设计的关系勾勒出来，这正是中国传统园林的精髓。苏州大学文正学院的设计，就体现了他重新再现小尺度传统园林形象的企图。这个手法重新开启了过去构建房屋与自然之间关系的结构逻辑，用一种当代的方式加以表达。

没有特定功能的百万平方米建筑

批判及后批判主义之间的争论始于20世纪80年代，发展于90年代，在中国也引起了讨论。在欧洲，"后批判主义辩论"（Post-critical-debate）被定义为批判主义时代之后出现的建筑。这场辩论的对立观点，聚焦于是应该将社会作为一个整体来批判，对在中国实践的大多数建筑师所面临的种种束缚提出反对，还是应该承认这一现状并想办法应对。[12]后批判主义的实践型建筑师们接受现实状况所给出的挑战，应对每个项目的种种困难。他们并不试图去改变整个世界，也不会去批判它，更不会回避现实。
作为后批判主义建筑师的代表，马清运将今天的都市现状融入他的设计中。宁波天一广场是一个上百万平方米的综合建筑群，设计之初并没有任何指定功能，只要求一年内建成。开发商给定了不取决于功能或程序的面积要求。他所使用的策略是，将建筑外立面包起来，从而给内部空间的调整提供可能，通过不同手法、材料和比例的运用，将所有可能的空间利用方式都加以覆盖。建筑师的目的是创造出更适宜当代使用方式的大尺度建筑。当时有两个甲方：建设投资商，以及房地产和目标客户群开发商，而目标客户群在建设之时还不能确定，也就不可能确定今后的功能会是怎样。所以他的后批判主义手法就是，适应现实情况，打破某些教条的原则，从某种程度上来说跟客户的意愿相左，创造出一种具有风险性的妥协方案。

繁忙的宁波市中心，图为全国有名的购物中心天一广场，以中国最早的私家藏书楼天一阁命名。
摄影：Maeshima hiroki, CC BY-SA 3.0

低技策略

刘家琨通过非常简洁的建筑形态来表达对现状的理解，其对技术工艺的要求则需适应本地的实际状况。低技策略，相对于不符合工人真实技术能力的高技派建筑，可以追溯到20世纪初。与对精湛技艺的追求不同，低技术手段的应用是为了避免工人们由于无法执行所需工艺而去妥协设计的局面。刘家琨对现实清醒的认识出人意料：他的设计明确表达了对工人们的实际情况、施工能力，以及对整个中国建设的问题的深入理解。[13]低技策略的利用，和巴西野兽派建筑师保罗·门德斯·达·洛查（Paulo Mendes da Rocha）通过一条路径组织建筑排布的手法有异曲同工之妙。刘家琨的鹿野苑石刻博物馆就是这一手法的典型，基于对材料和简易建造技术的研究，对"挽起裤腿种田，放下裤腿盖房"的季节性农民工人这一现实问题作出回应。

14
Luna, Ian; Tsang, Thomas. *On the Edge: Ten Architects from China.* Rizzoli, 2007

15
Chen, Lu, *A Comparative Study on the Office Building of Qingpu Private Enterprise Association and Xiayu Kindergarten*", Time + Architecture, 2006.

“有机巨型结构”（Organic-Megastructure）

MAD建筑事务所将大片空地所能提供的机遇诠释为：创造出一种能够打破孤立当代城市的规则“棋盘式”格局的新型都市系统。他们利用曲线，利用巨型结构的形态，也可以说是一种对自然的重新演绎，来宣告重新将其植入都市肌理的手段。这些建筑师们希望唤起来访者心中的感受，比如鄂尔多斯博物馆就创造出了一个有机的元素来跟周围的沙丘产生对话。这个建筑能在来访者的心中留下此时此地这一瞬间独有的印象，而周边被“硬核白板”所包围，整个鄂尔多斯城的概念只是纸上谈兵。

原型

开放建筑的李虎关注原型系统这一概念，与项目所经历的诸多变化和其临时性的本质息息相关。他致力于开发出一种能够应用于不同场合、适应于多种指定场所特殊需求的系统。临时售楼处原型这一项目，就是可组装、可拆卸建筑的象征，保证了可持续性和多用途性。这是个临时性项目，设计标准化，可以适应任何场地。[14]当使用周期结束时，可以不加过多修改而重新使用于其他不同地点。北京四中房山校区则是他们将自然和人造元素相整合手法的缩影。这是一个重叠并取代自然的建筑系统，采用的是基于欧洲战后建筑运动的叙事手法和传统这种理念，例如由史密森夫妇（Alison and Peter Smithson），以及国际情境主义（Internationale Situationniste）代表人物居伊·德波（Guy Debord）提出的概念，而且也借鉴了日本新陈代谢主义。

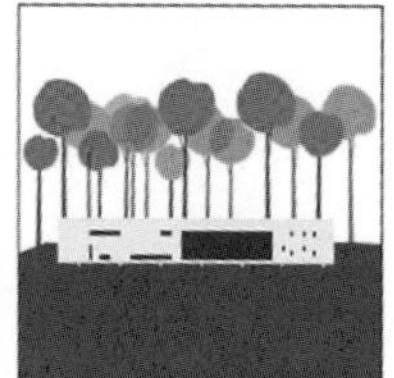
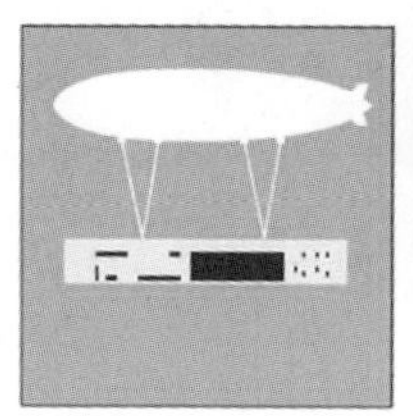

构成的意义

螺旋艺廊的设计方案，反映出对文化遗产及空间含义的研究。大舍建筑的建筑师们从内部寻找设计出发点；他们重建出传统手法中连接内外部空间的关系，提供尺度宜人的围合空间。[15]这个设计并非完全是功能性的，而是从建筑学的特殊视角关注两个对立面：建筑表现中，人与人、人与建筑互动时的关系，同时也要反映出这一场所的历史。

刘家琨设计的鹿野苑石刻博物馆，施工阶段
图片提供：家琨建筑设计事务所

马岩松的“山水城市”一书及展览
图片提供：MAD建筑事务所

李虎设计的临时售楼处原型，灵活机动性概念示意图
图片提供：OPEN建筑事务所

16
Fumihiko, Maki. *Reconnecting Cultures: The Architecture of Rocco Design.* Artifice Books on Architecture, 2012.

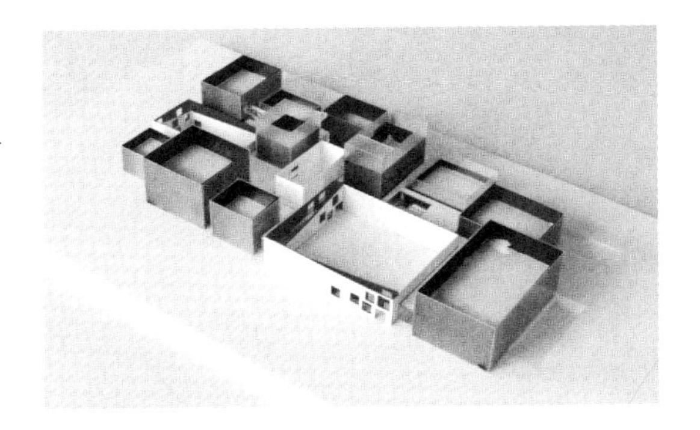

古代物件

广东省博物馆和云南博物馆这一类建筑，设计出发点来自于藏宝盒，或者鲁班锁，都是由古代物件激发出的灵感。
严迅奇在他的作品中抓住这些灵感，将古代的精华利用于现代。他采用这些物件的三维构成形式，来定义不同空间之间的相互关系。
这些空间构成方式是建筑设计的出发点，之后根据实际情况转化为不同功能、空间组合的正式方案，创造出一个独特的篇章。[16]

基于理论研究

在都市实践，实践的基础是通过理论研究对现实作出最根本的理解。他们的项目寻求都市层面的解决方案，对混乱、疯狂的建设环境加以利用，以此作为灵感来激发出更多的创新性设计手法。
当代中国都市中固有的特点是一切都在不断变化，产生出了新的空间类型，因此常规设计策略不再适用，需要找到新的解决方案。他们所追求的，是通过表现他们对于非正式、自发性建筑类型的偏爱，来从新的角度重新看待事物，他们认为建筑是统一连贯的设计手法的体现，根据每个人不同的亲身体验而有所变化。他们展示着对于不确定性的态度，挑战着城市和“永久性”建筑之间的动态平衡。

大舍建筑设计的青浦青少年活动中心模型
图片提供：大舍建筑设计事务所

广州博物馆手绘稿
图片提供：许李严建筑师事务有限公司

都市实践的深圳城中村研究——岗厦村模型
图片提供：都市实践

各色花瓶，2007~2010年，背景为摔碎汉代陶罐，1995/2009年
摄影：Mark B. Schlemmer, CC BY 2.0

当今现状
一个国家
的形象

习惯于拆除
白板上的建筑
造城运动
无间断式发展：实验性经济奇迹
中国建筑现状

中国建筑的实质

近年来，似乎有源源不断的建筑界新闻持续从中国传出。这个世界上人口最多的国家有着飞快的发展速度，吸引着全世界的目光，既有欣赏与赞许，也不乏令人不安的反应。然而对于出现的种种变化，我们很容易陷入将其过度简化并加以主观臆断的陷阱中。所以，中国到底发生着什么，为什么对建筑师来说如此重要?

城市化

中国怎样了不起?

中国正在以一种前所未有的效率进行着城市化进程，对于大城市有着前所未有的需求，建设速度也是前所未有的快。这一城市化进程主要归功于始于20世纪70年代发起的大范围经济改革，到90年代开始对我们今天所看到的“城市化爆发”产生影响，但至今为止，在过去将近20年里，中国的城市化一直没有松懈过。90年代时仅有25%的人口居住在城市里，到了2012年这个数字已经上升到50%，正式跨入城市化的门槛。[1]但根据联合国界定的“发达”国家标准，这个数字应达到70%~75%，中国还有一段路要走。

中国的城市化失去控制了吗?

我们必须注意到的是，正如中国经济是整体发展的一样，中国的城市化也是由中央政府高度规划控制的。在全世界其他任何地区，外来人口迁入城市这一进程都是极为不可预测的，而中国有着自己的机制来进行控制：户口制度。有人认为户口制度的实质是中国政府对城市化的限制手段，在如此快速的经济发展前提下，预防过量人口涌入城市中[2]，相应也限制了城市出现贫民窟，而这正是其他发展中国家在城市化进程中一直头疼的问题。

这对中国建筑界有什么影响?

为了应对大量人口，中国许多建筑都是由相对毫无特色的重复性建筑群组成的，它们的特点是其设计、建造速度快得惊人。这种惊人的发展速度意味着建造高水准的都市环境十分困难，有关可持续性（由于北京等城市的空气质量堪忧，在中国显得尤为急迫）、低劣的规划发展而导致多个“鬼城”的出现等一系列问题，使得中国的城市发展中暗藏着各种挑战。与西方主流观点相反的是，中国政府其实十分乐于审视自身所采取的手段，而且在有令人满意的结果时愿意作出改变。

这种类型的发展对中国人民来说难道不是非人性化的吗? 并不一定。从西方人的角度来讲，即使中国不可阻挡的变化看起来是个威胁，而且明显将自身文化遗产和人民生活方式忽略的做法遭到很多人的批判，但我们更应该记住什么才是城市化的真正目的。城市发展是由经济增长推动的，经济增长也进一步促进城市化进程，多亏了这一进程，中国普通民众的平均生活水平才能在仅仅一代人身上就发生显著改变。尽管如此，要跟上改变的步伐，对于普通民众的适应能力来说还是一个极大的挑战。

中国如何飞速建设

为数不多的建筑设计师能够完成如此快速的发展，主要依靠的是三个策略，它们或多或少地和快速建设的需求相关联，引起了世界范围的广泛关注：

1. 盲目复制建筑

在中国，经常能见到对既有的资源进行复制的设计；其中最常见的是住宅类建筑，公寓楼的设计经常性地照搬之前已经建设完成的住宅小区，毫无特色，千篇一律；加上知名度更高的许多模仿建造完整的欧洲城镇项目，中国建筑师善于复制的趋势使其成为很多西方的观察家们嘲弄的对象——但正如本书作者所指出的，中国文化中向来对向前辈学习赞许有加，而认定中国应该遵守西方的意识形态这一观念或许是不合理的。事实上，正如Vanessa Quirk所指出，中国出现的种种复制情形及随之而来的反应，甚至可以反过来给我们提供一面明镜，来审视我们自身以及西方所谓的“原创性”这一概念。

2. 科技

中国追求速度的另一个结果，是一些建设公司利用最先进的科技手段来推进效率的极限。从实践领域来讲，这些公司并没有大规模地直接参与中国的建设中，而是投入研发革新性的技术手段。最杰出的且受到广泛关注的是盈创建筑科技(上海)有限公司的3D打印技术。它们造出了世界上最大的3D打印机，使之成为世界上一系列“第一”的头条新闻，包括世界上最高的3D打印房屋。另一个引人注目的是远大科技集团，致力于寻求由于快速、低造价建设而造成的低水平结构、建筑质量的解决方案，通过它们的完全预制建设技术吸引人们的目光，建造速度惊人，并且能够承受超强地震的结构。

所有这些例子都说明了对中国建设的未来构想，推动着下一轮建设“革命”的到来。

3. 在中国的西方建筑师

中国快速建设中最受关注的方面（至少对于西方媒体来说），就是西方建筑师的参与。中国对于高知名度“设计师”的建筑有着无法满足的胃口。为了填补供需之间的空缺，中国成了世界上最主要的建筑人才进口国，大量的西方建筑师急于抓住一切机会在这里做设计，受到的限制也更少。这一实践行为产生了无数的“符号性”设计项目，因为西方设计师们终于可以自由地实现他们最具幻想色彩的理念——其中OMA的北京CCTV大楼脱颖而出，成为这个现象的标志。确实，正是这栋楼的出现，很快使其陷入了一系列的争论中，被称为“奇奇怪怪的建筑”，并在2014年叫停，在中国的西方建筑师现状也受到了仔细的审视。

西方建筑师是中国仅有的创造出“高端设计”的建筑师吗?

中国建筑师正在不断受到国际领域的认可。也许这一代最受关注的是2012年普利策奖获得者王澍，他的作品为如何在建筑中反映中国文化这一理念树立了典范。然而，怎样实现这一理念的一致观点还远未形成。运用同一文化输入，却产生出截然不同的审美观的另一个杰出建筑师代表，马岩松，将自己的手法描述为与中国传统文化价值的联系。

整体来讲，我们需要记住的是，对于所有这些问题广泛产生的不同反应——建设速度、低施工质量，东西方观念的融合，以及快速发展的中国所作出的表现。

Rory Stott

ArchDaily主编

习惯于拆除

习惯于拆除

行走于中国现代城市中，我们不难观察到一幅共通的画面：无论是在发达城市还是次发达城市，都不断更新着几年前刚建好的建筑。城市的每个角落都积极地循环着拆除-重建这一过程，定义着都市的节奏。西方则认为这是一种损失，是建筑的终结，或者“反建筑”（Anti-architecture）。[1]“中国历史建筑只有10%存留至今”的说法令人感到十分不安，[2]而且终究会引起一场人文危机。

怀旧的欧洲人，只能把希望寄托于政府尽快制定法规，来分类和辨别出具有历史价值的建筑，或者将任何有20年以上历史的建筑保护起来，留存下一些过去的痕迹，从开发商的手中将它们拯救出来。

中国城市的现状是，拆除的进程很轻松地融入了城市的日常生活。实际上，世界上没有任何其他国家能将建筑工地的隔墙装饰得如此精美。在这样一个不断变化的世界里，随处可见的临时性元素才是唯一的常态。这些隔墙看起来并非是临时性的，而是城市的一种延伸。它变成了新城市现成的一部分，即使未完成

1
Salingaros, Nikos Angelos. *Anti-architecture and deconstruction.* Umbau-Verlag Harald Püschel, 2004.

2
Wang Shu, Kenzo Tange Lecture. *Geometry and Narrative of Natural Form,* Harvard University 2011

居民楼的拆除，成都
摄影：作者，2013年

下页：
“‘拆’字涂鸦”
写在外墙的“拆”字用来标记经过评定需要拆除的建筑
来源：第十四届威尼斯建筑双年展*基本法则，中国现状*一展，2014年
摄影：作者

非物质文化
不断的修复
什么没有被拆除?

拆

也能立即投入使用。
20世纪70年代的大字报覆盖了城市的每一个角落，展示着庄严骄傲的人物形象，宣传着新社会的标志。它们身后的背景则展现着城市基建、工厂、工业化城镇的发展进程，标志着生产力以及新社会的面貌。现如今，墙上的宣传海报被建筑项目渲染图所取代，近景展示着未来的父母和孩子一家人其乐融融的景象，背景则是田园风格的住宅建筑群。背景所描绘的景象虽然改变了，但是展望未来美好进程的意愿始终保持一致。
为什么在这里人们能够如此容忍，甚至绝无仅有地鼓励拆除？为什么和现存建筑之间的关系跟西方有如此巨大的差异？

非物质文化

我们可以批判这是一种对文化和建筑身份无可挽回的损失。我们可以对拆除不屑一顾，也可以提出反对，但不论怎样，它都是当下建筑所面临的实际状况，必须非常谨慎地对待其背后的逻辑及其影响。关键是不能用旁观者的角度来支持或反对正在发生的事情，而应该设身处地地理解其中的机制。作为参与者，我们必须清醒地认识到正在发生的情形是如何进一步影响当代设计的。
在中国，建筑的拆除远远大于世界上其他任何一个角落。不同的原因交织在一起，社会中各种可能性因素，如政治、历史、文化，乃至哲学汇集在一起的场景，不可避免地带来了临时性建筑这个结果。
没有人愿意投资去维修或保护一个在不久的将来即将被政府征用或拆除的建筑。因此，土地私有化的缺失造成了一切都不牢靠、不持久的局面。人们在作选择时，不确定性一直存在。所以建筑迅速地老化、失修，然后弃之不用。

不断的修复

如果我们排除19世纪短暂殖民时期这一插曲，不难发现中国的建造基本上都采用了不易保存的材料。
而在共和阶段和殖民阶段，长期性耐久材料更受欢迎，例如石材、陶，或者混凝土，这些材料更持久，从而能够留下历史遗产。而直到近代之前，亚洲的历史传统一直是使用木材、生土等材料，因此各种人造物都不易保存。
作为结构材料，木材并没有很长的保存期限，导致了这种结构材料需要不断修复、重建甚至被完全替换。而奇特的是，这种手法不仅存在于过去，也反映在今天的当代建筑中。即便使用耐久性的材料，建筑手法却总倾向于短期性，新建筑和老建筑一样快速衰败。只有少数的人造物经过多个世纪保存了下来，而绝大多数都在朝代的更迭中破坏、损毁。过去60年的建筑史再一次延续了在空白的土地上建造非永久性建筑这一理念，也为创造代表新社会的新建筑形象打下了基础。

人口的需求

历史的遗产不断消逝，传统建筑的设定不断被曲解，已经不能满足当今人们的生活习惯。像传统四合院或者胡同等建筑结构布局从未发生变化；没有厕所、盥洗室、厨房。在20世纪70年代，这些传统住宅变得拥挤起来，所以这些基本服务功能都放到了住所之外，供几个家庭共用。
现代的卫生和舒适标准使得居民和政府把这些传统的住宅当作是一种问题，而不是一种遗产来看待。政府向人民群众承诺新的住房，而居民们也想通过搬进现代化住宅来提高生活水平。
20世纪五六十年代期间人口大迁移的政治决策是情况恶化的起点。传统意义上来说，胡同和四合院都是单一家庭的住宅，但在那个时期却被很多家庭拥挤地共同占据着。这些家庭大部分来自乡下，来自全国不同的地区，不同的文化背景和社会阶层，导致融合过程中产生了种种问题。从这时开始，住宅的使用情况发生了变化，城市肌理和历史面貌都有所改变，传统开始慢慢消失。
建筑元素不断地更新循环，使建筑空间变得难以辨别，降低了它们的水准和价值。

什么没有被拆除？

南锣鼓巷老式四合院的拆除和重建，正在经历中产阶级化进程，北京
摄影：作者，2013年

用来遮挡建筑工地的隔墙，西安
摄影：作者，2015年

一个建筑需要经历的完整周期包括建设、维护，直至最后的拆除阶段。将拆除从建筑寿命中排除的想法是不明智的：这是建筑一开始就无法逃脱的宿命。不同的情况下建筑周期会有很大不同；然而近年来在中国，这个周期越来越短。

中核心商圈
严禁违章操作 确保安全生产
经常洗心 不使染尘
赛格国 物中心
金秋启航
高效文明
SAGA
招聘
ARE YOU
温馨提示
行人请走人行横道
施工给您带来不便，请您谅解
俭
劳动创造财富
安全带来幸福
城之上
静享无尽繁华
VIP: 6298 2020 / 6298 5050
STEC

北京、上海、西安等地各式建筑工地隔墙
摄影：

毛主席万岁 万万

3
Eric Eckholm, Eliot Kiang, Neville Mars, Karon Morono-Kiang, Jonathan Napack, Luo Peilin, Richard Vine. *Beijing 798: Reflections On Art, Architecture And Society In China.* Timezone 8, 2005

除了从古代保留下来的代表国家形象的纪念性建筑，例如故宫或天坛，我们可以注意到其他免于拆除的区域都与艺术、旅游或娱乐功能有紧密联系。尤其是艺术，变成了建筑保护的推动力。当艺术占领了城市中的一片区域时，就提升了其价值，从而阻挡了被拆除的命运。
20世纪90年代北京东北角的一片工业厂房闲置了下来，之后变成了著名的798艺术区。1995年北京美术学院选中它作为新址，吸引了无数国内外的艺术家来成立工作室。这个进程持续发展，直到2002年成为艺术区。这标志着中产阶级化进程的开始，导致其巨大的扩张和周围地区的商业化，带来了各种潮流店铺和咖啡厅。这也为中国其他大城市树立了榜样，不顾其消极影响，直接复制其成功的商业化管理模式。[3]
而上海的田子坊则有不同。它由保留下来的传统石库门住宅自发组成。没有任何组织的开发，而是一种草根文化自下而上的过程。第一阶段经历了首批艺术家进驻并建立自己工作室的过程。第二阶段则见证了各种艺术界周边产品经销商的到来。这个区域内部原有的生命力和各种不同功能提升了其自身的重要性，但同时也改变了它的活力，渐渐偏离了原始的目标，也导致部分真正的艺术家的离开。2006年政府曾提议将它拆除，但是商铺、艺术家们的抗议活动和他们对该区域额外价值的评估证实了拆除的不合理性。
上海的新天地则是一例从根本上发生转变的保护案例。石库门这种自第二次鸦片战争以来跟殖民风格相结合的住宅建筑类型，被重新归类、记载，完全地拆除然后又精准地重建。其中一个重要原因是可以省去维护费用，并且在重建时可遵循必要的安全和结构规范。于是住宅功能被奢侈的餐饮及娱乐功能所取代。其中的逻辑很简单：地价过高，而各种不同的建设可能又十分有限。唯一的可能就是开发高利润价值的功能。它可以来自酒吧、咖啡店等代表高端生活品位、对西方社会开放的形象，也是对于外国游客具有强大吸引力的高收益功能。新天地可以堪称中国最后一个根据传统方法完成的大型修复工程：完全基于建筑外形的拆除和重建。对于欧洲标准来说，这不是修复；事实上这种手法会产生极大争议。建筑结构是全新的，重建的手法也并不符合原始结构标准，而是在很大程度上改变并适应当今社会的审美及功能要求，以及最新的安全和结构规范，创造了一种看似重复，却实际上从未存在过的建筑。
从欧洲的角度看来，重建意味着修复的终止，但是亚洲的普遍做法使我们陷入了一个进退两难，而且仍未有定论的探讨中。

由Benjamine Wood在2000年设计的新天地改造项目，上海
来源：Time Architecture，2000年

798艺术区展览中心，北京
摄影：冯成，CC0

用来遮挡建筑工地的墙，西安

张永和

非常建筑

“北京新天空”
历史、时间、文化都变得抽象了
没有人知道当代中国文化是什么

对话张永和
摄影：张涵坤

1
2
3
4
5

当你发现一块已存在了三四百年的石块时，就会感受到我们作为人类无法亲身经历的时间之流逝。它的美丑并不重要，但能让我们感受到时间的厚重，了解我们的祖先曾经生活在一个多么不同的世界。

北京 2013年

张永和

非常建筑作品
图片来源：作者

1
垂直玻璃宅
图片提供：非常建筑

2
上海青浦涵璧湾
图片提供：非常建筑

3
金华建筑艺术公园17号综合空间
图片提供：非常建筑

4
安仁桥馆
摄影：作者

5
Alessi荷叶盘
图片提供：非常建筑

无暇思索

持续不断的建筑设计项目需求对你的设计手法有怎样的影响?
在中国工作，不管从设计体量还是数量上讲，每个建筑师都会受到这种速度的影响。这就是现状。在这样的情况下，我的工作室似乎从来都做得不够快，所以我们总是增加人手来提高速度，但还是不够快！（笑）我们一直在努力尝试，但很可能无论如何还是会失败。

尽管这样，你的设计看起来还是经过深思熟虑的。
我一直在努力调节自身的生物钟，当然它的节奏比身外这些项目的压力要慢。这并不代表我能让这些项目慢下来，但是对我来说，它能让我专注于自己最感兴趣的事物。

"北京新天空"

你一直在欧洲和中国之间往返吗？在北京待过很长时间吗?

没有，我以前在上海居住过。来过很多次北京。
我很好奇你什么时候第一次来北京的。

第一次是几年以前吧。
总之，你从来没有见过我所见过的北京（微笑）。非常非常不一样，特别漂亮。但现在……

你最初从美国执教归来，面对中国现状的时候是怎样的?
我（20世纪）90年代回国的时候，几乎已经认不出来了，尽管北京是我的家乡。一个特定环境给人的影响是极其深远的。尽管我已经在当代的北京生活了这么多年，老北京的记忆我一点儿也忘不了。它们像两个不同的城市一样，问题是我们应该怎么办？我们怎样应对位于当代北京的这些新建筑?

那么设计手法应该是怎样的?
我还在探索这个问题，但我觉得现在有思路了。光。光能改变像今天这样的北京。（张永和看着窗外，天气炎热潮湿，天空灰蒙蒙的。）以前的夏天，光线绝不会是这样，现在是一个完全不同的气候，不同的天空，生活质量也不相同。我不认为我们能回到从前，但我相信建筑需要改变接受光线的方式……所以我在探索一种不同的引入光线的手法。我现在正在用这种理念去设计，所以拭目以待吧，我可能成功，也可能失败！（笑）

那么你认为什么是"北京新天空"？
如果有建筑师能设计出"完美天光"，那也许是我们最后一次能把自然和建筑联系起来。这种人与自然的联系已经跟树木没有关系了，因为我们都住在高层里。树都在很低的地方。但如果我们设法将一扇窗和天空联系起来，那么我们还有和自然对话的机会。实际上我现在正用这个话题作为目标在设计，所以拭目以待吧。

建筑师自由度很低

在中国，符号性意味着什么?
那些符号性的建筑，不管它们看起来多么辉煌，我也不能确定它们给城市带来了什么贡献。它们是纪念性建筑，是个符号。我跟别人约好去吃意大利餐远比堵在路上盯着这些大城市的符号要重要得多。我觉得要尽可能从小地方入手来做建筑。关键是要做出可控的东西，才不会放弃全部斗争！

这些"小地方"起什么作用?
不管对于北京还是中国所有其他的城市，都存在一种错误的设想。有些问题不是一个建筑师或者一个工作室，不管大小，能影响得了的。那种宏伟的空间和巨大的体量，根本不适合居住，它们仅仅是纪念性建筑而已。也许它们就是为了中国经济发展才建成的，但是并没有给人们带来舒适的生活。

那你是怎样解决这个问题的?
有关这个，我们能做的很少，但是我们一直非常努力地在尝试。比如在上海，我们正在一条10米宽的街道旁边建一个小型的40米×40米的方块，沿街的人行道上全部

安仁桥馆，建筑遮盖出一片广场
摄影：作者，2013年

用顶篷覆盖。我们其实并没有发明这个，只是用一种很老旧的手法来将城市变得适宜行走，就像意大利博洛尼亚一样。

你觉得中国建筑师跟西方建筑师的影响力大小处于同一水平吗？
应该不比他们的影响大。再次说明，我觉得建筑总量（建筑师的重复劳动）不能算数，除非他同时在思索着怎样创造新的建筑形式或者新的城市理念……这样中国建筑师才算是真正做着西方建筑师无法完成的事情。总之，大多数中国建筑师就是在重复劳动。他们建了那么多又能怎么样？最后也没有对提高生活质量作出什么贡献，没有推动文化的进步。这是中国建筑师失去的一个大好机会。

所以也就是说他们是受制于人的？
是的，但是有个矛盾。中国建筑师在空间的设计上自由度很低，但他们设计建筑表皮的自由度却非常高，这是非常不合理的。甲方能很开放地接受不同建筑风格，所以从某种意义上讲，中国建筑师能够在表面风格上大做文章。众多的规范让中国建筑师和结构工程师的创造力受到限制。这当然就涉及有关建筑结构系统、空间等方面的问题，而这些才是能使建筑与众不同的关键。

历史、时间、文化都变得抽象了

你对于建筑的拆除和文脉（或者说“零文脉”）有什么看法？比如在建造的时候并不清楚周围到底有什么，或者在近期内会变成什么样，而这些对于欧洲人来说是个大问题。
不管从城市角度还是文化角度来说，建筑的拆除都是一个很大的问题。对一个意大利人来说这是显而易见的。（……）我们谈文化的时候，下一个词是什么？历史。你能想象没有历史的文化吗？（笑）还有什么更浅显的道理吗？但什么又是历史？历史不仅是书里的一个词，更是一件你能从中感知时光的器物。（……）比如你在城市中找到一块石头。当你发现一块已存在了三四百年的石块时，就会感受到我们作为人类无法亲身经历的时间之流逝。它的美丑并不重要，但能让我们感受到时间的厚重，了解我们的祖先曾经生活在一个多么不同的世界。

没有历史的城市又是什么样的？
拆除建筑让历史、时间、文化都变得抽象了；所以即使你能运用这些词汇，也不会完全理解。能让它们产生联系的事物都已经消失了；一切都转瞬即逝。我觉得这是个大问题！我们什么也做不了，即使我们能完整地重建起那些建筑和房屋，它们也还是新的；那种时光流逝之感不复存在。所以我担心：我们到底是变得更文明还是更野蛮了呢？这不仅对当代中国，对于许多其他文化来说也都是个大问题。答案是开放性的……但不幸的是，我们时不时地总会发现答案，当然很多情况下不容乐观。

那么这个损失是如何影响整个社会的？
现在的问题是历史的物质层面的大量遗失。这也就是为什么我们看西方文明的时候中国人总会觉得自己比不上人家。如果这些人有机会，甚至可以说有这种好奇心，去博物馆参观一下，看看我们国家的艺术珍宝，会让他们的感受发生巨大转变。我有幸有过这样的感受经历。

很多人意识不到这种联系。你认为是什么原因？
我认为大多数这样的人只通过“数量”来肯定自己的存在。一个人能有多少钱？就像《小王子》（安托万·德·圣埃克苏佩里著）里形容的这些小星球，有的上面住着的人一直在数数：有个银行家，他的一生就是在数数。（……）在这儿我们有很多这样的人。有意思的是，随着财富的积累，中国很多人变得越来越富有，但是只有极少数人真正提高了生活质量，因为如果没有文化，没有历史的熏陶，他们连什么是高品质的生活都不知道！他们就是买一些很大件的物品！（笑）这种对追求规模的迷恋反映着对提高生活质量是多么无能为力。他们有着共同的追求：买一个LV包！原来有一个外国记者问过我，我觉得这是一个很西化的问题：当代一些中国人的梦想是什么？我告诉他是LV包，他不信！（笑）那就说个大点儿的——奔驰车，行吧？真的不应该是这样的……对吗？但是现在文化的缺失所产生的空虚感，只能带来这种结果。如果他们有钱，就还算是幸运的！希望只是暂时性的，但真的极其负面。（笑）

中国的这种不确定性环境是对创造力的激发还是束缚？
这是一把双刃剑，就我个人经历而言，我师从于罗德尼·普雷斯（Rodney Place），

安仁桥馆，人行缓坡
摄影：作者，2013年

一位AA的老师，他在20世纪80年代早期的工作室就叫做“不确定性实验室”（Lab of Uncertainty）。我跟他学到如何从创造性工作的角度来利用不确定性——我认为当今就是关于不确定性的，建筑短暂的生命周期，以及所有改变我们如何看待设计的这一切事物，但无论如何，我认为这并不应该影响质量，而应该创造一种看待建筑的不同方式。

没有人知道当代中国文化是什么

中国最新一代建筑师身上有哪些共同的特质?
我认为这些建筑师还太年轻，还找不到一个共同的思路，但有一点，我不是在批评他们，因为某种意义上说我也是他们中的一员，就是他们身上有很多来自西方的影响。我们处在一个全球化的时代，很多人，包括我自己，都留过学，所以我们曾经并且仍然接受着西方文化的洗礼。这是一个几乎所有人共有的特征……除了刘家琨和业余建筑工作室。

即使是上一代建筑师也受到过很多西方的影响。
是的，但我觉得不同之处在于现在我们重新开始了对于材料性、材料技术和结构的关注。这些话题其实曾经很长一段时间内是中国建筑师面临的问题。接受过学院派教育，并且经历了低靡经济时期的中国建筑师基本上放弃了建筑的材料特性。他们只是用混凝土做出表面上的传统建筑形式，却没有关注材料的表达。这现在也许很难想象，但是在之前一直是这样的。

材料性与设计之间的联系断掉了……
在我20世纪90年代初期开始从业的时候，多数建筑师都是这样工作的。比如说他们会在建筑表面贴面砖……如果你去问他们：“为什么要贴砖？”他们会说……什么砖？他们甚至都意识不到这个问题！他们没有画出来这些面砖。面砖只是用来保护建筑表面的，所以施工方自己就会给贴上。又是这样，他们也都意识不到。这个太牛了！所以现在，如果我们之中任何一位要用面砖，我们会设计得让这些面砖跳起舞来！（笑）天知道有多少种做面砖的办法……这就是和上一代建筑师最大的不同。

从中国的建筑经验中有什么是可以学习，可以输出给西方的?
也许对西方来说，更重要的是了解中国在这个特定时期犯的错误并加以避免。当中国开始城市化的时候，我们本可以汲取西方的经验教训，但是我们却没有。没有人知道中国的当代文化是什么，所以在这种机遇之下，我们能看到很多试验性的例子，也许可以说其中有些是真正的当代中国建筑……我觉得这种试验性设计的多样性是西方可以加以学习的一种现象。

黄浦江边的垂直玻璃宅
图片提供：非常建筑

垂直玻璃宅，上海
图片提供：非常建筑

垂直玻璃宅内部
图片提供：非常建筑

齐欣

齐欣建筑设计咨询有限公司

不确定的方向
建筑不再重要
循规蹈矩

对话齐欣

摄影：张[illegible]坤

建筑不再重要了。当然在小的环境范围内还是可以产生一些影响，但在这个范围之外，不会对人们的生活或是都市环境产生任何影响——你只是在局部范围内运作，而无法掌控整个城市的走向。但即使你只专注于一个单独的物件，也能给城市带来或多或少的正面影响，你总是可以通过自己特定的方式对城市和它的居民作出贡献。（……）但从宏观的角度来看，就没有那么重要了，没有你还可以有别人来代替。人们是否幸福并不取决于你的建筑。

北京 2013年

齐欣

齐欣作品
图片来源：作者

1
奥林匹克公园下沉广场
摄影：作者

2
玉鸟流苏
图片提供：齐欣建筑设计咨询有限公司

3
江苏软件园
图片提供：齐欣建筑设计咨询有限公司

4
国家会计学院
图片提供：齐欣建筑设计咨询有限公司

5
天津老城厢
图片提供：齐欣建筑设计咨询有限公司

1
2
3
4
5

不确定的方向

当今的中国社会，没有什么是永恒的，所有事物都在转变，在进化。试验性的事物实际上十分普遍。你独树一格的设计方法是在反映这一现状吗？
是的。我们是人类，而非神明。如果不是神明，就不能确定自己到底在做什么，所以也不可能有百分百正确地做建筑的风格或方法——因此你必须承认自己并非掌握真理的人。一旦你承认这点，就可以自得其乐。这就是我的做法。未知对我而言是一种快乐，而非掌控全局。然后你就可以在不清楚的事情上做文章。换句话说，这有点像是“摸着石头过河”，指的是摸索着大大小小的石头作为落脚点去穿越河流，但并不清楚确切的移动方向。我认为建筑专业有异曲同工之妙。你无法掌控所有的事情；很多事情是在建筑师掌控之外的——所以会有各种限制条件。每次出现不同的约束时，所面临的挑战是怎样利用它们，而每次你都会发现不同的问题。

与欧洲相比，中国建筑师数量很少（每四万人中只有一个建筑师），而在中国进行的工程量占到全世界总量的三分之一。这种大环境如何影响着建筑本身？
我认为现在，我们对于建筑师的理解和欧洲不同。在欧洲，建筑师更像造物者，而这里则更像工程师。在这里不是所有的建筑师都有机会发挥他们的创意，而更多的是为了解决社会、经济问题。所以在这个时代你不需要那么多的建筑师。在欧洲或许有非常多的建筑师，但工作量却没有这么大；但在这里，为了这么多人口，我们必须大量建设。我们探索建筑学理念的方式跟欧洲不同，对量的要求大于质。在欧洲有很悠久的城市与建筑传统；必须对既有的城市环境和将要建造的建筑之间的关系加以考虑。在这里你不太需要去考虑文脉，所以做建筑多多少少会变得简单。在中国这是很普遍的情况；我们现在正在为未来创造文脉。

一般而言设计的起点是去考量周围环境，以及与方案之间如何产生有意义的联系。中国的城市环境是从零开始，或在短期内可能迅速改变，你怎样处理这种文脉的缺失？
事实上当我回到中国时，这是一个相当大的挑战。对于任何一个建筑师而言，每开展一个项目，了解你所受的约束和限制都是相当重要的。我是在欧洲开始的职业生涯，所以我回来的时候，每次接手一个新项目，都会去找各种不同比例的地图，去了解整个地域、城市、街道以及邻里的实际情况。但在中国这根本行不通，因为基本上中国的每一个城市都是一个巨大的谜团。不同高度的房屋，方的圆的、红的黑的、欧式的或者中式的建筑物，所有都混杂在一起。所以什么才是你的设计参考，你又该跟什么去产生对话？特别是当你有一个邻居在这里，另一个邻居在那里，而也许当你的建筑完成时，你的邻居却早已消失了！所以这才是我们现有的文脉。大多数情况下是从一片空旷的农田上开始的，周围什么都没有，没有任何的参考基础。所以这跟在月球上没有区别，显然你可以为所欲为。

建筑不再重要

所以，有了这种最大限度的自由，你就可以尽情地去试验？
对，但一旦缺少这些参考基础，你就会迷失方向。你不知道该做什么或者怎样开始。所以在这个时候，必须要想清楚怎样给自己创造出限制条件。这就是我现在的努力方向。举个例子，如果你在北京工作，你可以借鉴实际的都市脉络，也可以借助文化上的影响，或者其他不同的参考。最重要的是，我们并不清楚未来的方向，也就是说不知道这个城市未来的情况，不知道它会变成什么样子；我们正在创造城市的未来。周围的一切都显示着现有的城市正在慢慢消失，因为现实世界不再那么重要了，而对虚拟网络的依赖大大增加，可以说你生活在世界的各个角落。所以你不再受现实生活中的某一条街道或者广场的限制，这些建筑元素已经不再适用于今天的情况。这或多或少地说明了当今现状，意味着建筑已经不再重要，风格也不再重要。我们必须承认这点——作为一个建筑师，你已经完全不重要了。

所以什么才是设计的焦点？现在的使用者、未来的使用者，还是永恒的品质？
我的意思是建筑不再重要了。当然在小的环境范围内还是可以产生一些影响，但在这个范围之外，不会对人们的生活或是都市环境产生任何影响——你只是在局部范围内运作，而无法掌控整个城市的走向。但即使你只专注于一个单独的物件，也能给城市带来或多或少的正面影响，你总是可以通过自己特定的方式对城市和它的居民作出贡献。这里每一种状况基本上都可以看做是一个独立事件，而所有这些独立事件都可以给城市带来影响。所以这取决于你如何去对待它。但从宏观的角度来看，就没有那么重要了，没有你还可以有别人来代替。人们是否幸福并不取决于你的建筑。

奥林匹克公园下沉广场
摄影：作者，2013年

所以你并不认为建筑可以解决世界上很多问题?
完全不可能。即使是奥巴马也不能。

循规蹈矩

作为一个局外人，我对亚洲传统空间在当代建筑中留存下来的特点很感兴趣。这些观念如何影响你做建筑?
所有的传统都在改变，所以很多人在做各种研究，试图将传统应用到我们现在的创作中。但这种传统仍然存在吗?这是个大问题。这就是为何现在中国有各式各样的建筑——许多欧洲、澳洲、美式风格的存在，因为传统正在消失，每个人都不断去适应其他人的生活方式。但亚洲人与欧洲或是西方人最大的不同就是我们相比较而言没有那么保守。比如在法国，尤其是郊区或者小城市里，要做一个全新或与众不同的东西很难。但这里所有人都期待着新鲜、不一样的事物。从这方面来说，我们对于未来与生活的期望是有差别的。另一个本质上的区别在于对材料的和谐运用。在中国，或许日本也一样，我们用的材料都不是永久性的。所以我们认为建筑会因为时间或是其他因素而毁损是很正常的。但是在你们的国家，从古罗马时期开始，耐久的概念就存在于建筑的每一部分。在这里我们只为了像人的一生这么短暂的时期而建造，之后可以消失或是被取代。所有材料都不断地被另一种相似的材料取代，所以对于中国人来说精神才是永恒的，而不是物质。举个例子，当我们建造北京城时，我们运用的是从孔夫子时代就延续下来的城市方案，建造了一个完全一样的城市尺度，同样数量的主干道，同样的紫禁城的位置。这是非常古老的东西，可以追溯到数千年以前;我们仍然按照同样的方法做事。同样的道理也体现在单体建筑上。建筑单体的做法数千年来没有本质变化，如果你不是专家，很难区分汉代、宋代以及唐代风格，所有的风格都只有微小的变化。

所谓风格的进化，并没有彻底的改变，而是一点一点地完善。
是的，无论如何这也是一种变化。所以你用其他相似风格的东西取代任何事物都不是问题。事实上当今最大的争议是有关版权和知识产权的，因为西方人总是抨击中国人，说我们总是在抄袭，但其实这是我们已经做了几千年的事。你理应知道祖先教会你的事情；对中国人而言尊重现存的规则才是正道。如果用其他方法去做，那是错的；而如果你模仿，那才是对的。所以所有的事情都一直在变，但风格仍旧不变。我认为这是双方在理解事物上的很大偏差。西方人无法理解为何我们摧毁了这么多古老的建筑，然后用新的一模一样的建筑去取代它。

我们自己的都市形态

这样的概念如何反映在新的建设中?
事实上在中国，我们尚未确定自己的都市建筑风格和形态。因为在欧洲你们有城市建筑，也就意味着城市密度及建筑物之间的关系。比如你们两个邻居之间公用一堵隔墙；但是在这里，从帝王到平民，他们住在完全同类的建筑中，是一种比较类似乡村风格，而非都市风格的建筑类型。每栋房子都是一个独立元素，它们不会为了塑造都市形态而彼此相连。我们的都市形态是被建筑之间的外墙面以及廊道塑造出来的。在今天，一栋建筑不再是只有三米高的外墙包围，而是二三十层楼高的建筑。所以这道墙的概念现在或许仍然存在，但你不能为一栋三十层的楼来建一堵外墙，所以就找了另一张不同的表皮，这点欧洲人很难欣赏。这就是为什么到处都是不同风格的独立建筑，也是为何人们不懂得如何与他人并排住在一起的原因；他们只知道如何与他人保持距离，单独生活。

所以在传统的城市里曾经有这种共同的生活，但现在却出现了一种新的形式，社区已经不存在了。每个个体被单独分开，住在独立的单元里，因此空间的使用也完全转变了。
是的，在建筑院校里我们总学到关于这种共同的社区生活，但事实上在今天，基本没有人仍然在这种实体存在的社区中生活。对大多数人而言，他们的社区在电脑里，可以存在于任何地方。其实你可以观察社区生活在中国是怎样的一种存在，是相当有趣的。到处都灯火通明，人们在街上唱歌跳舞。但这种空间不只是那些经过精心设计和建造的都市空间，实际上它可以存在于任何地方，甚至在高架桥下面也可以。

阐释中国人的心理

在你众多的方案中，都运用到了中国传统小尺度的空间，以及许多不同元素的聚

集来创造复杂的系统。比如在你与大舍建筑合作完成的许多方案中，我们可以清楚地看到，方案都是由一连串的聚落生成的。这是否可以看作是你设计的共通点？
这真的要视方案而定。当你做小尺度的建筑物时，它与物理环境及功能息息相关，所以有时候我就用这一点做文章，将不同的单元综合起来做设计。事实上我更多地在尝试去做符合当地背景的东西。不管是整个国家的背景还是它实际所在地的背景，我就是试图借由它去做些东西。从去年开始的一个方案我逐渐意识到，实际上这是一个在中国已经讨论了上百年的问题：如何把我们的文化遗产用当代建筑来诠释？当你观察中国传统建筑，你知道这是中国的，因为它以一种特定的方式去阐释中国人的心理，渐渐形成一种我们可以明确定义为中国风格的模式，并且留给我们很大的空间去探索中式建筑以及中国人的心理。所以从这个角度来看，必然可以有很大的自由去创造非常中式的事物。但从表面上来看，和中国传统建筑完全不一样。这就是我最近几个方案的概念：做一个不像中国建筑的中国建筑。这是我最感兴趣的一点。

你怎样看待符号性建筑？你的设计和符号性建筑有怎样的联系？
我告诉你一个关于奥林匹克公园的故事。当时北京市在规划一个新的文化建筑群，包括三个博物馆：中国美术馆、工艺与非物质遗产美术馆，以及国学博物馆。他们希望这些建筑之间会有一种连贯性，但每个业主都举办了他们自己单独的国际竞赛，结果就是产生了三个完全不相关的建筑。我与让·努维尔（Jean Nouvelle）在中国美术馆方案中相当近距离地合作过。刚开始，就像所有其他建筑师一样，他认为我们应该在这三栋建筑之间找到这种连贯性，产生一种对话，然而一旦发现他的建筑会出现在其他完全不同的"中式建筑"旁边，他就问我，怎样才能改变其他两栋建筑？我告诉他，如果我们可以成功地保留自己的设计并且依照它去建造，就已经算是胜利了。所以你根本没必要去想改变其他的建筑。从另一个角度来说，这就是我们这个时代的情况，对于建筑有着不同的理解，从城市或建筑创造角度来说并不完美，但却是对于我们这个时代的完美解答。这有点像在中世纪的意大利村庄，所有人都各忙各的，但他们也共同创造了一些东西；从我们的角度来讲，这在今天这就代表着一致性，就是一种生命力。

奥林匹克公园下沉广场
摄影：作者，2013年

业余建筑工作室

对谈陆文宇
摄影 作者

陆文宇

业余建筑工作室

只做房子，不做建筑
重新回味他们的记忆
恢复匠意

1
2
3
4
5
6

每隔一段时间就会出现一个新的宣言，但又能持续多久？我们需要更多的人实干，而不仅仅靠说。我们花大量的时间去试验，试图恢复几乎快要遗失的匠意。（……）我们用一种手手相传的方式去传承我们的传统，而不是谈论抽象空洞的概念。

杭州 2013年

陆文宇

业余建筑工作室作品
图片来源：作者

1
垂直院宅
摄影：陆文宇

2
中山路改造
摄影：Evan Chakroff

3
三合宅
摄影：Evan Chakroff

4
中国美院象山校区二期
摄影：Evan Chakroff

5
中国美院象山校区二期
摄影：Evan Chakroff

6
宁波历史博物馆
图片提供：业余建筑工作室

只做房子，不做建筑

“只做房子不做建筑”是业余建筑工作室一句很有名的话，在这个概念的背后意味着什么？
当时王老师说的是：“我们只做房子，不做建筑。”这里说的房子和建筑本身有他们自己的含义。房子意味着是为人而建的，更清静，或者更接近自然，更人性化。相反，建筑是个有点抽象的概念，现在所谓的大多数设计，都是在做建筑。这句话是将近二十年前说的，“只做房子，不做建筑”，实际上是在说不做抽象的概念，而是讲究一个非常具体的、触手可及的东西，或者亲手去建造的……这样当你看到这房子的时候会有不一样的体会。

自然和“房子”之间有怎样的联系？这对使用者产生什么样的影响？
我们想做的这个房子，首先是在尊重自然的前提下去做的。房子本身不是最重要的，应该降低自己的姿态，要跟自然达到和谐的状态。所以我们很多房子在刚建好的时候，不一定是它最好的状态，而它们是会自然生长的，过了很多年之后，它和环境会十分融洽。你一定要去现场体验我们这些房子，就不需用很多语言去解释了。只是用照片或者视频的话，是很难把现场真实的感受代替掉的。

这与中国传统的自然和建筑的关系有什么联系吗？在当今新的城市环境中又是如何诠释的？
其实我们现在的理念仍然是中国的传统观念，是人与自然的和谐。其实今天我们在做的时候也不可能再回到原来那种传统的房子，因为尺度变了，人也比以前多了，所以现在我们在做的时候，其实还是一个新的房子，尺度也非常大。我们在做的过程中，尽可能地把很多本来可以做很大体量的房子消解掉，来达到一个人体的尺度。我们在杭州转塘做的象山校区面积有800多亩，非常大；也是因为这样，我们设计这个校园的时候带有城市的概念；一期二期加起来有20万平方米，基本上就是一个小城了。
我们的房子做得非常大，但是在这种很大的情况下，我们也做了一些景观，景观和建筑之间是同时去处理的。这种情况下，房子之间的关系就很自由。在这种开放的体系下，不仅是建筑形式的自由，也是对场地和自然作出的一种敏锐的回应。这是绕着一座山的整体项目，也衬托出自然的山势。山在北面比较陡，所以看起来比较高；南面的山势平缓，所以我们也按照山的尺度降低了房子的尺度。一期和二期我们做的是完全不一样的两种设计。一期是非常大的房子，像大四合院，跟山的北面那种雄壮的气势相配。山的南面就像是一个村落，我们在这里造了一个类似乌托邦式的城市，跟外面的城市区别蛮大的，用了一些特殊的建筑设计手法，去具体处理和自然、城市的关系。

重新回味他们的记忆

你们的建筑和自然以及历史遗产有着紧密的联系，那你们是如何处理正在逐渐消失的中国文脉的？
我们与其他建筑师不太一样的地方是，我们对自己选择做的建筑非常的谨慎；我们不是所有的项目都做。我们在选项目的过程中会尽量选择比较值得去做的。
像我们的宁波历史博物馆：在做的时候，看起来周围确实没有任何文脉可言。当我们去看场地时候，只剩下了半个村子，而原来有二十多个。所以我们选择采用“记忆”的方法来设计。这也是为什么这个房子建好了之后，周围的很多人愿意到那里去回味，因为他们虽然看到的是个新房子，但仍然能找到一些熟悉的记忆。我们回访过现场，和那里的老人们交流，他们会反复地去那里，因为他们说那里有家的感觉。那种感觉就像在里面重新回味他们的记忆。这里面所用的大量的建筑材料来自于周边被拆除的房子，不同年代、不同材质，有一百年前的东西，也有今天的。它们都是在其他地方被拆掉以后运回这里，那么就等于再生了；我们想给这个区域留下一些记忆。
其实我们在做的过程中，所有的传统工匠都找不到了。以前那个地区有台风，房子刮倒了，他们会用最快的速度再把这个房子建起来，所以不会去分拣这些材料，只是全部又再利用一次。所以材料不断地堆积，一栋房子拆出来本身就是好几十年的历史。以前的房子做得很矮，不到三米高。当房子变高之后，这个房子也不能满足新的技术要求，所以我们后来重新去试验，工匠也是一点点重新去学怎么做。一开始做不起来，要试好几十个样本，然后在这里面选我们想要的，一点一点做起来。这个非常困难，但是这个过程非常有意思，很有趣的。

中国美术学院象山校区
摄影：Evan Chakroff

宁波历史博物馆
摄影：Evan Chakroff

恢复匠意

中国建筑师之中，存不存在共同的价值和目标，来创造出一个宣言？
宣言这个概念不是现在才提出来的。每隔一段时间就会出现一个新的宣言，但又能持续多久？我们需要更多的人实干，而不仅仅靠说。
我们花大量的时间去试验，试图恢复几乎快要遗失的匠意。我们在做新建筑的时候会采用一些本该会的，但是现在已经逐渐忘掉的技术，重新恢复这种能力。我们用一种手手相传的方式去传承我们的传统，而不是谈论抽象空洞的概念。

那么你们如何应对大量的建造需求和很短的设计周期？
我们会很小心地选择这样的项目，如果我们觉得按照我们的时间无法完成这种项目，我们就不会去做。这是有关设计的，在于建筑师自己，怎么去决定要怎么走下去。所以我们的选择是决定不去接这样的项目，明知道结果不好，还去硬做，这种项目通常我们都会拒绝。即使这样，我们的设计时间相比西方还是非常快的，所以我们对整个过程的控制非常严格。我们是全程控制的，可能比设计上花的时间还要长。因为在任何一个过程当中，都有可能不按照你的设计去做，这个太正常了，包括最后的质量……如果你不能在整个过程都严格控制，也就不可能达到你的预期。

那你们会怎么办？
基本上像是打仗一样，一直在战斗，这才可能一点一点地向我们预期的结果去靠近。这个过程确实非常累。设计你可以自己控制，但是建造的过程没办法完全自己控制。一般的工作室可能会同时进行好几个项目，就不太可能花更多的时间和精力去控制中间的过程，这可能是我们工作室比较大的区别。

宁波历史博物馆
摄影：Evan Chakroff

白板上的建筑

白板上的建筑

过去50年间建筑设计所崇敬的信条之一，就是将文脉列为设计的先决条件和项目的关键出发点。实际上，如果没有对文脉的彻底了解和分析是无法作出任何设计的，这个信念一直长盛不衰。众所周知，建筑师根据项目的场地条件来作设计，不论是密集的城市中心，还是待建的郊区等地域。每个设计都是唯一为这个场地而生的。但是在现在这种建设狂潮的氛围中，文脉经常性地缺失，或者一直在变化，那么又会发生什么？第一批现代运动的倡导者渴望通过否定过去来塑造新社会，勇敢地提出了“没有历史的城市”这一理念，但是在阿尔多·罗西（Aldo Rossi）、凯文·林奇（Kevin Lynch）、诺伯舒兹（Christian Norberg-Schulz）等建筑师的理论之后，全世界的建筑师圈子已经再也无法想象没有历史的城市了。当今不断变化的现状挑战着历史和城市、固有的城市肌理和新建筑之间的关系，迫使我们重新思索脱离过去来进行设计的这种设定。或许我们的文脉，和过去70年里的种种建筑理论专著一样，已经不再适应现实了。世界上还有许多缺少明

北京房山区新建成的区域，城轨高架桥下的空地
摄影：作者，2013年

传统意义上的中国不复存在
“零文脉”
总有人要先行

新建成区域的房地产综合项目，北京
来源： 第十四届威尼斯建筑双年展*基本法则，中国现状*一展，2014年
摄影：作者

显历史印记的文明存在着，它们从缺失的过去中创造出了今天更为强大的社会形象。在没有这一出发点的前提下，又应该怎样进行设计?

1 Esherick, Joseph, Paul Pickowicz, Andrew George Walder. *The Chinese cultural revolution as history.* Stanford University Press, 2006.

传统意义上的中国不复存在

中国处处充满着变化。似乎过去30年里在一个已经存在的国家之上又重新建立了另外一个国家。大约有3.5亿人（相当于美国人口总数）从欠发达的西部地区迁出并定居在东部更为发达的城市中。
人口迁移对社会的经济和文化分布带来了瞬间的剧变。这个社会一直在不断重新创造着自己；一切都从改革开放所倡导的新型经济开始，延续到了奥运会和世博会时期。由于来自国内外不同文化的输入，人们也在持续不断地稳步调整自己的状态。年复一年，建筑在不断增长，地域在不断变化，而用作参考的城市景观却在逐渐消失。在这种不断变化的情况下，传统意义上的中国不复存在。

没有历史的城市成为瞬时城市

原有的建筑是否能满足当代社会的需要?
历史遗留建筑不是被拆除，就是被取代，原有的几乎已经不存在了。历史城市仅仅是一种记忆；取而代之的是在过去几十年间建筑与空地之间不断地更替，完全改变了城市的面貌。没有历史的城市成为了一个瞬时的城市。如果没有比人类寿命更长久的人造物和历史印记保留下来，我们将无法通过它们感知那些和现在截然不同的历史，以及曾经存在过的事物。
这种城市中的居民已经无法将自己和过往联系起来。仿古建筑模仿的仅仅是传统的外观，但是不可能将已经拆除的纪念物和古建筑真正重新植入城市中。与过去不同文化留下的遗产之间的连续性已经中断不可见了；只有非物质遗产作为记忆延续至今。
“新”建筑取代了“旧”建筑；这些建筑从侧面反映出对四旧[1]（旧思想、旧文化、旧风俗、旧习惯）进行转变的过程。然而20年的革命无法改变的东西，却由现在的中国经济奇迹改变了。我们正在目睹着固有历史城市的逐渐消失以及新型城市结构的出现，这才是现实中最根本的社会革命。
新城市，或部分新城市的设计，总是建立于不存在的文脉和居民的基础之上。没有任何确定的特征能够作为参考点来支持设计思路。过去30年里人们一直在追求建筑的多样性，追求传统和现代的结合。他们希望能采用西方的观点并融入本地的实际功能和用途中，追求原创性、唯一性，但矛盾的是，这些总是伴随大量的重复一起出现。背景环境已经不再是一层层历史遗留累积形成的结果。城市已经不再跟过去任何时期相关联，因为基本上所有一切都是在近20年内建成的。各种不同的形状、颜色、高度、大小和风格的建筑一起影响着城市的面貌。
那么，建筑师在这样一个风格迥异、转瞬即逝的文脉中应该如何有所作为？是应该以脑海中的灵感作为出发点，还是应该创造出和可以真实触碰的实体之间的对话?

“零文脉”（Non-context）

在城市中，环境背景和文脉不一定都不存在，但是和欧洲把文脉当作一种让人感到安稳的不变状态这一观念相比，是截然不同的。这里的都市环境更不稳定、更易变。在这种状态下，要给传统建筑理论找到合适的位置是非常难的，它们似乎已经过时了。中国社会已经永远地发生了改变，20世纪所崇敬的建筑信条也同样在变化。
即便对于某些建筑师来说，这种情况还仅仅存在于理论假设中，但缺少文脉的建筑却是每天都发生在这十三亿人口身边的现实。新一代的海外旅归建筑师，有着更开放的接受新事物的思想，更应该去大胆挑战老一套做法，并进一步完善这种新现象所代表的“零文脉”理论。
城市中充满这种建筑类型的典范；我们可以将其作为一个出发点去深入研究当今零文脉现象的各种或明显或难以察觉的特点，以及它们对于已经存在的固有城市肌理的影响。
“硬核白板”（Hard-core-tabula-rasa），位于城市的周边。跟西方不同的是，这样的郊区人口密度反而更大。郊区空旷的平地上，高度密集的建筑组群拔地而起，一群群相同高度、相同形态的高层建筑勾勒出城市独特而整齐的一阶天际线，但并不能把它们看作是现存肌理的延伸，也无法跟城市融为一体。它们所形成的，是城市中独立自主的一座座孤岛，而在其中一切都有可能上演。
“都市白板”（Urban-tabula-rasa），指的是城市的历史肌理，一种跟当今社会环境格格不入的结构。现在的城市中心并不讲究高密度的有效建筑面积，而这恰恰是现代大都市区域战略规划中最加以重视的方面：位于城市中心，并且靠近城市

“1480~1976年乌托邦理念的新机遇”
来源：第十四届威尼斯建筑双年展*基本法则，中国现状*一展，2014年
图片来源：作者

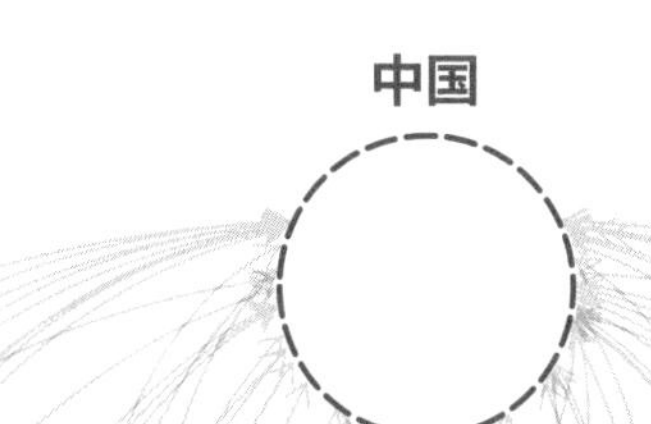

1. The Plug-In City, Archigram, 1964
2. New Babylon, Constant Nieuwenhuys, 1959-74
3. The Plug-In City, Archigram, 1964
4. New Babylon, Constant Nieuwenhuys, 1959-74
5. Monumento Continuo, Superstudio, 1969
6. Chandigarh Le Corbusier, 1960
7. The Ideal City, Leobnardo da Vinci, 1480
8. A Plan for Tokyo, Kenzo Tange, 1960
9. No-Stop City, Archizoom, 1968-1972
10. Walking City, Ron Herron, 1964
11. Green City, Konstantin Melnikov, 1930
12. Giovan Battista Piranesi, Carceri, 1749
13. Piero Portaluppi, Allabanuel, 1920
14. Claude Nicolas Ledoux, Th é tre de Be-san on, 1784
15. Rem Koolhaas, Exodus, 1972
16. la citt à nuova, Antonio Sant' Elia, 1914
17. Orphanage in Amsterdam, Aldo van Eyck,1960
18. Plan Obus, Le Corbusier, 1933
19. Arcosanti, Paolo Soleri, 1970
20. Hellytown, Piero Portaluppi, 1926
21. Citt à Analoga, Aldo Rossi,1976
22. Ville contemporaine, Le Corbusier, 1922
23. Agricultural City, Kisho Kurokawa, 1960
24. Clusters in the Air, Arata Isozaki 1960
25. Ville spatiale, Yona Friedman, 1959
26. Broadacre City, Frank Lloyd Wright, 1943
27. Diamond House, John Hejduk, 1962
28. Wall House, John Hejduk, 1962
29. Architekton, Kazimir Malevich, 1924
30. An Ideal City, Leonardo Da Vinci, 1488
32. Cloud Props, El Lissitzky and Mart Stam, 1924
33. Cluster City, Alison & Peter Smithson, 1952

各式位于北京、上海、西安等城市周边的“硬核白板”
摄影：作者，2013~2014年

基建设施。类似里弄和四合院的非永久性民宅，最显著的特征就是只有一到两层的低密度。这些类型的传统住宅外部的街巷狭窄，内部庭院也根据人体尺度而设计，这种私人绿化空间着实让人羡慕。实际上，这种过于奢侈的空间享受似乎已经不能再适应当今社会状态了。高效利用的空间才能适应当代社会，而如此低的密度似乎注定要被淘汰。
“背景白板”（Background-tabula-rasa），则指的是几年前建成的房地产住宅，其中相当一部分是迅速弃置不用的。因为周围缺少现代化服务设施，也面临着拆除的可能。这种状况产生了另一种当代的“零文脉”现象，在不久的将来会被其他新功能所替代。

总有人要先行

正因为几乎所有的空间都被认为是可转化的，所以没有任何一种形式能称之为绝对不变。一片空地上刚开始建成的建筑周围会出现新的建筑，随之而来的是额外的重建和拆除的可能，这个周期不断循环。[2]“空白的画布”（blank canvas）并不是一种令人担心的概念，而是一个一直存在的常量。从零开始的做法能激励创造性，但同时也代表着建筑业所面临的挑战；它会给建筑师们提供持续的冲动而不计后果的兴奋状态，利用这个前所未有的机会创造出不受任何约束限制的建筑。
这种缺乏限制的状态，是否可能定义出新内容、新表现手法、新价值? 成功挑战这种现状的建筑师们不会被假象所迷惑，他们真正理解这种空白的状态，并且能够用自己独到的方式激发出它的潜力。
新一代中国建筑师们所创作出的建筑，诠释了一片空地所拥有的无限可能。

当今的建筑师不可避免地要创造文脉

传统意义上的建筑设计，包含几个标准的步骤：对场地的研究，设计，施工和维护，但如果项目从零开始的话，设计的思路和目的也需要相应地产生变化。
一个几乎统一一切实践经验的特征是，设计出一个自身能够创造环境的建筑的愿望和勇气。这不仅具有实用性，而且是力求创造出新的理想化城市环境的出发点。当代建筑设计能创造出功能多样性，其中不乏超出我们原本想象范围的场景。今天的建筑师们通过直面自己所处时代所存在的问题，从而适应当代环境。
现在的目标是，理解什么是现实，什么是高效，什么对于十几亿人口来说是实用的。伴随着所有这些特殊的试验性城市空间利用状态，是开始理论化总结所有出现过的现象的时候了。我们不能再对种种变化视而不见，但也不能过于保守，像看待敌人一样否定一切新事物。[3]

2
Koolhaas, Rem, Singapore *Songlines. Ritratto di una metropoli Potemkin … o trent' anni di tabula rasa.* Quodlibet, 2010

3
Koolhaas, Rem; Boeri , Stefano; Kwinter, Sandorf; Tzai, Nadia; Ulrich Obrist, Hans. *Mutations.* ACTAR, 2001

城市周边在建的房地产综合高层项目，西安
摄影：作者, 2015年

当下文脉的缺失：
“硬核白板”，位于城市周边；
“都市白板”，城市中那些不再跟当今现状相关联的肌理；
“背景白板”，建成不久的高层住宅楼，很快就被淘汰。
摄影：作者, 2014年

佳兆业·桂芳园

北京小学
长阳站

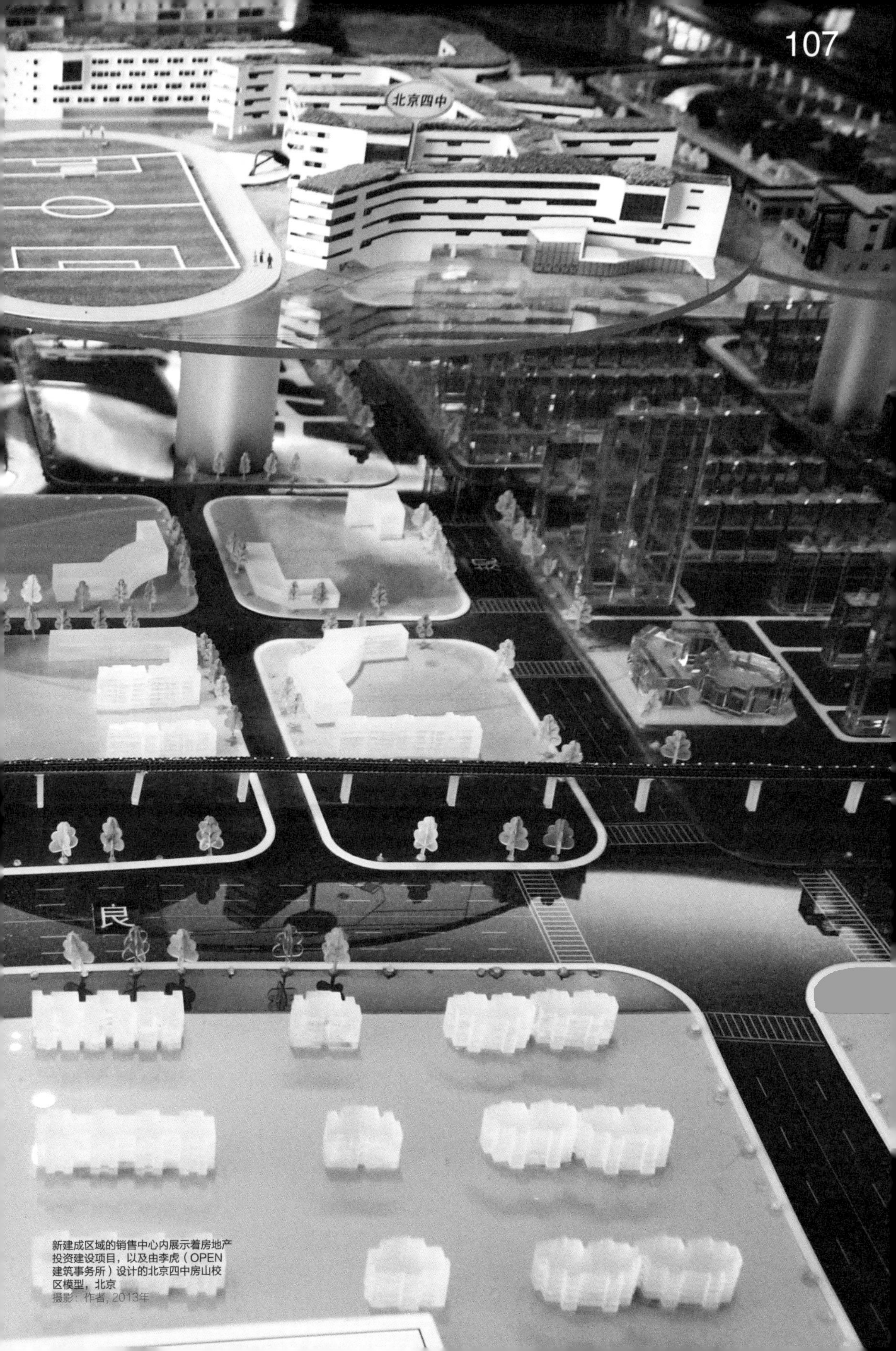

新建成区域的销售中心内展示着房地产投资建设项目，以及由李虎（OPEN建筑事务所）设计的北京四中房山校区模型，北京
摄影：作者，2013年

马岩松

MAD建筑事务所

灵感来自梦境
“山水城市”
总有人要先行！

1
2
3
4
5
6

我审视自己，尝试表达自我。有时候可能灵感就是来自一个梦境。听起来很可笑，但确实是从真实的梦境中出现的。这个梦从哪儿来？肯定是跟实际相关联。所以我感兴趣的是坚持探索什么是真正的自我。我不是个天才，但从最初开始我就知道自己想要什么。

北京 2013年

马岩松

MAD建筑事务所作品
图片来源：作者

1
梦露大厦
摄影：未知，CC0

2
喜来登温泉度假酒店
摄影：井浩泽

3
Vertu移动亭
摄影：Designboom

4
胡同泡泡32号
图片提供：MAD建筑事务所

5
鄂尔多斯博物馆
摄影：Popolon, CC BY-SA

6
鱼缸
图片提供：MAD建筑事务所

“山水城市”展览

你必须忘掉所学到的一切

你在耶鲁大学的经历是怎样的？
我记得我们毕业的时候，耶鲁的系主任对我们说："现在最重要的是你们必须忘掉在学校所学到的一切！"我去美国是因为想开拓眼界，耶鲁对于我来说正合适。那儿有很多大师，每个人的哲学观都不同，他们在同一栋楼里面教书，有时候还会争执起来。我认为作为一个学生，在这样的情况下能受益良多。耶鲁是个不错的经历，因为学生需要一个可以经历各种可能性的空间，而不仅仅是传统的教学方式。那里有很多有趣的学习机会，比如扎哈（Zaha Hadid）、盖里（Frank Gehry）、罗伯特·斯坦恩（Robert Stern），还有其他的年轻建筑师。

但有时候离开学校也许是好事……
仅有学校是不够的。我认为很多年轻学生都在关注我们是如何实践的。可能关注我们本身以及我们正在做什么更为重要，因为我也是这样起步的。我读别人的故事，而不仅仅是从某一位大师身上学习。

灵感来自梦境

你的设计过程是怎样的？
我审视自己，尝试表达自我。有时候可能灵感就是来自一个梦境。听起来很可笑，但确实是从真实的梦境中出现的。这个梦从哪儿来？肯定是跟实际相关联。所以我感兴趣的是坚持探索什么是真正的自我。我不是个天才，但从最初开始我就知道自己想要什么。

"山水城市"

什么是"山水城市"？最近你在北京一所老式四合院里做过相关展览。
"山水"字面意思是有山有水，但在中国文化中更多指有关人类如何在物质的世界里表达内心的感情。

这个概念源自哪里？
如果你观察一幅中国画，你会发现山不是真的山，有时候它们只是画家想象出来的而已。园林中有石、有树、有水，但这些都是人们精心安排设置的景象，只存在于想象中。这个名称存在于传统文化中，但是如果你把它和城市结合起来，就出现了一个新的名称："山水城市"。这不是指一座看起来像山水的城市，而是有关未来高密度的都市环境，有关人类的情感：人们能看到什么，又能感受到什么。

为什么叫"山水城市"？
我觉得这会是下一股都市文明的浪潮。现在的都市过多地追求效率和资本力量，无非就是有关环境、污染、交通。每个城市都需要面对这些问题，但是解决了这些问题并不等于就是一个"好的城市"。你我拥有健康的身体，但是并不代表拥有健康的心理。其实这些更多的是关于心理的问题！（笑）

我们怎样将这个新概念带入当代中国？传统的思维方式不再适用，那么怎样才能在现代环境中定义这种新的"自然"？
我们观察北京的老城，能在城中心看到山和水，周围人居环境和景观融合在一起，但是这些所谓的自然元素其实都是人造的、人工的。这是个很庞大的工程。人们造山，开渠引水，所以城市里的居民就会感觉自己生活在自然与城市之间。

是个想法，是个试验

在你看来，什么是"环境"设计？
我们谈论环境、节能和可持续性，但是我觉得这个太注重于技术层面了。你可以有更好的控温系统，更好的玻璃，更好的太阳能板，但是这并不意味着建筑里面的人就想永远生活在里面不出来！（笑）他们还是想在周末的时候逃出来，还是想去乡下，因为在建筑里面他们感受不到和自然的联系。这是我们现在开始谈论自然的最基础、最根本的原因。如果我们说想要接近自然，那我们为什么不能把房间和办公室里的温度调高或者调低一度呢？

你是怎样把你的"环境策略"引入现代都市中的？

"山水城市"展览
图片提供：MAD建筑事务所

现代都市意味着效率、逻辑、交通……和收益。那么，如何在有限的预算之下创造大量的空间？现在你想要在一个高层里面做一个公园是行不通的。这并不是技术问题，而是因为：谁来为它买单？当你规划一个城市的时候需要30%的绿地率，为什么不写进法规里？如果你设计高层，你就必须设计相应的绿化面积，这样一来就简单多了！

现在有成百万的人口聚居在一起，大尺度建筑必须具有很高的密度。当建筑变得这么大的时候，你又如何去谈论自然？
当建筑越做越大的时候，树和山就看起来越来越小了。人们说我们要更多的绿地，但当密度达到一定数值的时候，建筑就会大到无法忽视。如果你把建筑当成一个景观元素来考虑，就可以把环境作为一个整体去讨论了。传统园林中的假山是在花草旁边做的人造雕塑，这些石头并不是真正的自然，但是它们有着真正自然的尺度。衡量不同的尺度有不同的标准，园林是一个尺度，北京城是另一个尺度。我觉得这个逻辑可以适用于不同的尺度。我知道未来的城市会有很大的尺度，但是我们也不能忘了人体的尺度。我们可以用不同的方式去看待事物，但是我们仍然要同时考虑自然和人体尺度。

在你的北京CBD项目中，逻辑和功能之间存在一种很特殊的关系。
这个区域里面有很传统常见的高层建筑。我们把核心筒移出来，让电梯都处于外侧自然光线中。电梯每三层停一次，之后我们通过一个桥走进建筑内部。核心筒在外，所以建筑中心是空的。然后在中间就会有很多的花园，每三层有一个。从花园里面你步行上或者下一层！（笑）这样就减少了电梯数量。二十层就变成了六层。步行创造了公共中心空间，不同层的人可以在这里见面。每三层都有个花园和社交空间。更重要的是，这个概念让建筑不那么显眼，因为这不会产生更多的面积。这样，你就可以说你没有降低效率！（笑）

曲线和特殊形态能带来怎样的可能性？
当你把一个随机的曲线扔进一个现代城市里，它会看起来很怪，和周边格格不入。我们都在批判现代城市，你需要一份宣言，一个能制造冲突的机遇。这完全是你自主选择的态度或者立场，而不是迫不得已才这样。如果我有机会设计北京一整片全新的区域，我不会这么做，但如果我有机会去做其中一个项目，我希望这个项目会像一个炸弹一样去影响它周边的区域。所以在不同层面上需要加以不同的考虑：建筑层面，社会层面等。20世纪的纽约是个伟大的城市，它是我们在当今中国城市所追求的目标。我们在这里选用美国城市作为范例，建造CBD和高层建筑，但问题是：我们能不能更进一步？

能吗？
我认为这要花时间去进行大量试验。这就是为什么我说“山水城市”可能只是个想法，是个试验。我们处在当今这个时代，就应该去试验。如果我们只做正确的事情，所谓的“好”的事情，那么30年之后我们只不过是得到另外一个曼哈顿。我认为中国比美国更有理由去建造大城市，因为我们有更高的人口密度！（笑）

纽约的建筑形态是基于密度的。中国的城市密度并不高。用密度去创造建筑的逻辑概念并不适合这里。
中国城市的密度还不够大，但更重要的在于他们是否是带着野心去规划城市。我认为老北京城很有野心，交通效率或者中心性在规划城市和建筑的时候并不是优先考虑的。他们想要创造一个与人的感情相关的环境……我认为人的感受是最重要的，现在也还是这样。

你怎么把这些概念和当代建筑联系起来？
我觉得很多的城市有它们现存的状况。现在的新城市，他们只是把一切都推平了，然后建造一个严格的“棋盘式”网格。城市本应该从总规划层面去考虑各自的情况，各自的文脉和各自的设定。

那么在建筑层面呢？
建筑并不重要，因为你要给建筑多样性以自由。北京现在有很多新建筑。有人说CCTV大楼是在破坏城市。奥运会建筑本可以改变城市的格局，但其实并没有——因为城市中心非常强势，城市布局感非常强，这就是北京之所以还是北京的原因。城市的布局远远比建筑更有力。

“山水城市”展览，梦露大厦模型
图片提供：MAD建筑事务所

总有人要先行！

在鄂尔多斯博物馆项目中，你当时并不知道周围场地上会发生什么，而现在周边都建起来了。你如何处理这种文脉的缺失？
总有人要先行！（笑）

你怎么去设计一个周边没有文脉的建筑？
鄂尔多斯博物馆看起来像是景观中随机产生的气泡。这个项目周边并不存在什么现状，唯一能作参考的景观就是一直存在的的荒漠，然后出现了一个不同寻常的建筑，一个坐落在沙漠之中的抽象形态。然而没有任何东西属于“现在”，所以我想要在各种未知之间、未来之间和无限的景观之间创造出对话。你并不是去处理所谓的过去……因为有时候没有过去和未来之分。

在这种情况下你是怎样处理设计？
在任何地方，任何城市，任何一个村庄，都会有人先在一开始第一个做规划。我知道很多荒谬的建筑差点就在我们周围建起来了（笑）。所以我决定把注意力集中在内部空间。

所以，我们不需要只考虑现状？
当我设计的时候，会跳出人造物的限制，思考常见的景观，当下的转瞬即逝，以及未来。时间仿佛静止了，像梦境一样！我第一次到那里的时候说：“这就是戈壁滩，这就是我们建筑的周边环境！”随后周围出现了很多建筑，其中有些和我们的建筑离得非常近！现在完全不同了：你控制不了以后的建设进程，什么也做不了！（笑）在很多城市都是这样，甚至精心规划的城市也是这样。

外形与内涵

对于你和其他中国建筑师来说，设计中的符号性有多重要？
我想我们应该重新定义“符号性”，因为它听起来特别像是描述一个纪念物。你建造一个图像是为了表达资本，或者权力，或者其他意义，我们是反对这个理念的。如果我们说一个建筑看起来很特别，我可以把它当作一种结果来接受。一个新的概念从表面上看可能和老的一样，但我希望最后的成果在于其内涵。真正的成果应该是从内部的创新。我认为你所说的“符号性”更多的是说北京的奥运会建筑，因为它们都是非常庞大、完整、完美的物体。

人们给了“符号性”一个不好的定义，但它的实际意义是与出名的或者流行的事物产生联系，尤其是当它能代表某段特殊时期的特殊观念的时候。
是的。

你对符号性建筑如何理解？在你的项目中这一概念有着怎样的定位？
我认为我们必须改变，必须创造新的东西，然后新的事情就会发生。它们会看起来不一样，看起来“符号性”（笑），但是方法有难易。在规划上、在内部布局或者安排上具有创新性和挑战性其实非常难，但是建造一个具体直观的形象却很简单！这就是我觉得为什么在中国会出现很多象形建筑的原因。

为什么它们不可以同时具有符号性和创造性？
你不可能创造内容而不改变形象。我认为CCTV大楼的意义在于其周边的文脉。北京的CBD是直指天空的高层，但是这个建筑与它的周边非常不同。这就会让你去质疑周边的建筑和它们的价值。我们可以对这个建筑进行批判（笑），但我仍然认为在周边文脉方面它是有积极影响的。

我们为什么要有另一个低质量的小版本？

外滩被认为是上海过去的根基和传统的珍宝，应该受到保护。在殖民地时期很多外国人，尤其是英国人，建起了装饰艺术风格、洛可可、巴洛克风格的银行总部，引进了很多西方建筑的类型……
外滩……外滩我觉得是个很奇特的例子。人们称之为“万国街”，是因为它起源于殖民地……银行和它们的殖民风格立面所展示出的力量。有意思的是这些建筑直到现在也还是银行，或者高级餐厅，总之是财富、权力和上层阶级的象征。它们表里如一，它们的外在、内在及其所象征的意义，都是互相联系的。

我知道你希望在外滩做出一番……
我看到人们在外滩上行走，还想着："噢，这是我们的传统！"然而在这些立面背后，很多真正的传统建筑被拆毁的同时，外滩的建筑反倒被保护和珍视起来。我想说的是，这些建筑并不是像巴黎的卢浮宫一样非常美好或者非常重要的建筑，这些外滩建筑只是有年头了，但并不是什么伟大的建筑……

你认为正确的是应该淘汰还是保护这些建筑？
我并不是说要把它们拆了，我是说没必要保护它们，并且把它们当成是上海的城市象征。如果我们研究这一行为所带来的结果，就会找出为什么会出现很多殖民风格别墅和住宅的答案。

那么后果是什么样的？
到处都是，在中国，你到处都能看得到。人们觉得这是好的，这是我们应该珍视的，它意味着奢华的上层阶级，被当成是地标。很多人都被这个理由说服，认为自己想住在一个欧式的房子里。在北京你可以看到意大利式公园，你能看到巴黎、威尼斯式的东西。在中国各地你都可以看到各种"建筑语汇"。总的来说，我们不需要保护外滩，我们应该就让它在那，随它去。

你会怎么对待它们？
如果我可以把那些建筑买过来，然后拆掉它们，我会那样做的。听起来很过激，但是你想想香榭丽舍大街，那有很多新建筑。我真的认为是这些建筑并不是什么伟大的建筑！当英国人和法国人来这里的时候，他们建造了这些建筑，但是建造的水准和欧洲并不一样。这个世界已经在欧洲有这些建筑了，所以我们为什么要在上海有另一个低质量的小版本？如果你说到紫禁城，那很明显你不能拆掉它，因为只有这一个而且是最伟大的！但如果你再建一个，那就跟拉斯维加斯的主题公园一样了！（笑）

"假山"
图片提供：MAD建筑事务所

摄影：Edoardo Giancola

陈屹峰

大舍建筑设计事务所

心理需求并没有改变
（美学上）模糊暧昧的感觉
文化中断

1
2
3
4
5
6

我们用两个关键词来表述建筑观念："情"（感情）和"境"（模式）。"境"是我们所采用的建筑模式。（……）建筑设计到底给人们能带来什么，对他们的生活和工作方式带来什么影响；（……）第二个关键词："情"，实际上更多地涉及传统习惯的观念或者做法，（……）和中国人对环境、对自然的态度相关联。（……）我们所追求的传统美学精神，是它的不确定性，是种模糊暧昧的感觉。

上海 2013年

陈屹峰

大舍建筑设计事务所作品
图片来源：作者

1
嘉定新城幼儿园
摄影：舒赫

2
青浦青少年活动中心
摄影：姚力

3
江苏软件园6号地块与茶馆
图片提供：大舍建筑设计事务所

4
嘉定新城燃气门站办公楼
图片提供：大舍建筑设计事务所

5
螺旋艺廊I & II
图片提供：大舍建筑设计事务所

6
龙美术馆－西岸馆
摄影：苏圣亮

心理需求并没有改变

你们着力于探索传统建筑的空间、与周边场地的关系以及围合场所的塑造。为什么传承这些特质非常重要？或者说：为什么要用传统的建筑理念创造现代的建筑？
我觉得我们更多的是与过去那种对环境，或者对美学的态度相关联，而不仅是传统理念……当代中国人的生活方式是全球化的，与过去完全不同，但是我们觉得传统中还是有很大一部分对当代中国人非常有价值的东西，比如美学，比如对自然和环境的观念，对人际关系的认识，以及对于道德的态度。所以我们希望能把这些有价值的部分延续下来，用当代的手法表达在我们的建筑设计中。这对于每一个中国人都是非常有价值的。

为什么在一个新社会中延续这种价值很重要？
所有这些价值都是比较形而上的，都是在精神层面上的。当代中国人的生活方式，从穿衣方式到使用的家具、空间等，实际上和西方已经很接近了，但是从心理上，或者精神上还是需要去受到关怀、受到抚慰。中国人很多的心理上的需求并没有改变，对美的认识，审美的态度没有改变。让我们感到舒适、从审美上得到满足的东西在我们的文化里面依然没有变。在物质层面上，我们希望通过我们的设计可以提供一种更好的生活方式；在美学和精神层面，也希望给人们提供关怀。在我们看来，中国传统的生活方式已经被打断了。我们完全是以西方的生活方式在进行我们的日常生活。所以我们觉得当代中国人特别需要从心理、精神层面得到关怀。

（美学上）模糊暧昧的感觉

文化精神是如何融入当代设计中的？
我们用两个关键词来表述建筑观念：“情”（感情）和“境”（模式）。“境”是我们所采用的建筑模式。建筑，特别是在当代，已经不仅仅是一个有着良好外观的遮风避雨的场所了。最早的原始建筑主要作用是遮风避雨，有一个安全的室内环境。后来渐渐地对建筑的外观也有了要求，多了一些象征性的作用和意义。现在，技术发展到今天，建筑师有了很大的自由去做建筑。像雕塑一样做外观已经不是当代建筑学的任务了。

那建筑学的任务是什么？
我们的理解是，建筑设计到底给人们能带来什么，对他们的生活和工作方式带来什么影响。比如嘉定新城幼儿园：常规的模式就是在一条水平的走廊两侧布置教室，然后两端放置楼梯。但是在我们的设计里，我们把水平的廊和垂直交通结合起来，然后再放大这个空间，就出现了这样一个交通状态。这就是我们讲的一种模式；这个模式直接影响到里面孩子和老师的生活工作方式。走廊不再单是一个走廊，而是可以变成一个雨天时的活动场，可以在里面做游戏、做表演，还可以在墙面布展。这就是“境”的一个方面。除了考虑人之外，另一方面还需要考虑建筑与场地，甚至与城市、自然的关系。创造一个“境”实际上是确定一种模式，直接影响到人们使用空间的方式，也影响到建筑和场地、自然、城市的关系。

怎样才能在闭合的空间里引入自然？
在这个项目里这方面考虑得比较少。在不同的项目中我们对“境”的关注内容不太一样。在这个项目中我们设计这么内向的空间是出于对基地的回应。因为这个建筑在一个新城里面，周围实际上是非常空旷的。作为一个孩子们活动的地方，从心理上都希望一个建筑有比较内向的需求。这也是中国人的传统心理需求，和西方人的观念是有非常大的差异的。中国传统住宅通常都有墙围合起来，形成一个内向的空间；大到一个城市，都是用墙围起来的。这就讲到了第二个关键词：“情”，实际上更多地涉及传统习惯的观念或者做法，以及和美学、和中国传统有关的内容，和中国人对环境、对自然的态度相关联。这种围合的空间就是从我们对“情”的认识来的。我们所追求的传统美学精神，是它的不确定性，是种模糊暧昧的感觉。

文化中断

为了创造与现实相联系的建筑，有时候建筑师需要涉猎社会学、人类学。中国社会会怎样发展？建筑师又该怎样解读这种演变？
不同人会有不同的看法……我们希望中国一方面能越来越接近西方这种物质高度发达的状态，但另一方面也希望中国传统的文化能够延续下去，发扬光大……你在当今社会中看到的这些现象，就是当代中国人在精神层面上、感情上没有得到足够抚

龙美术馆－西岸馆
摄影：苏圣亮

慰的结果，也是我们传统的文化中断的结果。

那应该如何解决这种困境：是做服务于人的建筑，还是做试验性或者说“教育性”的建筑？
我们倾向于做服务于人的建筑，但是建筑师在作设计的过程中往往要克服建筑师为建筑学而设计的这么一种心理状态。建筑师在作设计的过程中，经常会受到这方面的诱惑，就是为了建筑学而作设计。这个有可能在某种状态下会妨碍这个建筑成为服务于人的建筑。但不管怎样，建筑师应该有他的社会责任感，要为这个社会负责。

我们在尺度上有巨大差别

在你们的建筑中可以清晰地看到与日本设计的联系：对空间的运用，简单的布局与纯粹的体量所表达出的建筑与自然的关系。尽管日本与中国的文化根源是相同的，但成百上千年之后这两个文化其实向着不同方向发展……
我们在尺度上有巨大差别。比如我们的嘉定新城幼儿园，长度有将近100米，但是日本的建筑一定会小很多。所以在不同的尺度体系之下，我们研究的重点是不一样的。我们所关注的是在这样的大尺度下人们的生活和工作状态，同时也要考虑这么大的建筑体量和周围场地之间的关系。

大体量赋予了项目独特性。
是的，尺度不同。

在这样的情况下，如何运用你们小尺度的设计手法？
这点很关键。实际上不是我们必须做大，而是我们不想把它做得很大。这个建筑（青浦青少年活动中心）是在青浦，是我们以前传统的小镇，我们希望把建筑的体量分解开来。青浦本身有自己的城市尺度，街道宽度、建筑尺度都很小。所以我们希望这个在青浦新城的建筑可以保存原来老城那种小巧而精致的尺度。我们重新唤起了古镇的文脉，我们喜欢那种小巷子、小街道和小建筑的尺度，觉得这对新城也是很好的。我们不喜欢那种大尺度，很宽或者很高的那种，所以对于我们来说这才是解决问题的正确方式。

没有任何文脉

你用了一个“古镇文脉”的概念，是一种与现实情况（房地产和高层建筑）截然相反的类型。而且，这些古镇的空间注定会很快被拆除，周围的环境也在发生着巨变。应该如何应对将要消失的传统印记以及持续变化的环境？
这个建筑（螺旋艺廊）周围就是没有任何文脉的，所以我们就又回到了刚才讲的“境”（模式）里面去，如何去筛选这个模式。也就是说当一个建筑处在一个没有任何文脉的场地里面的时候，它自身的逻辑是我们一定要研究的。比如在这里我们就把中国传统园林里面的一种路径的方式，植入这个建筑里面。对我们来讲，我们的文化传统也是一种文脉。如果建筑周围没有任何文脉，我们就会考虑到传统，以及传统的做法。

根据实际情况

你们的建筑十分纯净，很精细，从所在的环境中脱颖而出……在没有熟练的施工工人的情况下，如何才能获得高品质的施工？
的确中国的建筑工人大部分是农民工……情况就是这样，这就意味着建筑师要花费更多的精力去面对这个问题。一开始，我们会在设计层面上把所有的大量细节全部设计好，画出来。其次我们在现场会要求工人按照图纸做出1:1的实样，然后根据实际情况再来修改我们的设计。这里面可能有几次来来回回的过程，设计，然后修改，然后再设计，最终达到想要的效果。这也要求建筑师每天必须花费大量的时间在现场（笑）。

全都依赖速度

与世界其他地方的建筑水平和成就相比，你是怎么看待中国的建筑发展的？
很长一段时间以来，都是中国在向西方学习，大概是从2001年开始，在短短十几年间中国建筑这样蓬勃发展起来，取得的进步还是非常令人振奋的。同时，从我们的社会条件上来讲，不如西方。建筑学是一门社会学科，需要不同力量的其他学科来

青浦青少年活动中心
摄影：姚力

支持，这种支持是远远不如西方的。在这种不是特别理想的环境下，能做出这样的建筑，证明了我们一方面有热情，一方面在设计和施工过程中我们也很努力。我们太努力了，我们要和农民工，和甲方，和权威抗争，因为对于建筑师来说我们的社会和我们的环境，和西方相比，是十分艰难的。

当西方建筑师到访中国时，哪方面经历最重要？

我希望西方建筑师可以学习的是中国的发展速度。近几十年中国之所以能够迅速地发展，很大程度上是因为高速的建设。几乎每个中国人都会有某种焦虑的情绪，想要赶上西方，而赶上西方全都依赖速度。一旦达到这个速度，一方面在很短的时间内你的设计就能实现，但是另外一方面，也可能因为追求速度而失去很多别的。对于西方建筑师来讲，如何适应这种非常快的设计速度、进度非常重要。

嘉定幼儿园
摄影：舒赫

螺旋艺廊，中庭
摄影：姚力

螺旋艺廊，与天空的连接
摄影：姚力

龙美术馆－西岸馆
摄影：夏至

我从不把建筑当成一种职业
美丽与诗意
我们无法重建过去

朱锫

朱锫建筑事务所

摄影：张涵坤

1
2
3
4

我们无法重建过去。关键在于，你永远不可能重建历史，也不可能去重复它。历史是有记忆的，我们无法重塑时间。这就是为什么我痛恨这种建筑，因为这些建筑假装很老旧。这没有任何意义，而且恰恰破坏了文化。

北京 2013年

朱锫

朱锫作品
图片来源：作者

1
数字北京大厦
摄影：夏至，CC BY 2.0

2
OCT设计博物馆
图片提供：朱锫建筑事务所

3
模糊酒店
摄影：作者

4
OCT设计博物馆
图片提供：朱锫建筑事务所

OCT设计博物馆
摄影：作者，2013年

我从不把建筑当成一种职业

你有清华和伯克利的双重教育背景。这两种不同的教育体系是如何影响你的建筑实践的?
这两种教育系统的不同，在于一个强调形象，另一个强调概念。我必须承认后者对我的建筑实践有重大影响。我在中国学习的时候，当时还是很闭塞的。包括我在内的一些学生，如果想要了解当时的建筑趋势，这些信息在学校里是找不到的，只有为数不多的几本建筑杂志，比如《建筑评论》（Architecture Review）、《建筑文摘》（Architecture Digest）等。

那你在美国的经历又是怎么样的?
我一到美国，就开始旅行。我参观了美国和欧洲的很多地方。可以说，我最重要的经历就是旅行，而不是学习！（笑）一旦你从世界的两端了解到不同的现实之后，文化就一定会对你产生潜移默化的影响，也会在你今后进行建筑实践时给你提供必要的背景支持。

并不是吸收文化，而是将不同文化结合起来。
你会开始感觉你是整个世界的一份子，而过去你或许只属于某个城市或者国家。我在伯克利学成之后，认识了很多有意思的人：建筑师、艺术家、音乐家、设计师，也学到了很多颇具创新性，甚至颠覆性的有关建筑、艺术、表演界的想法……突然之间就意识到建筑并不是一个封闭的学科，也不是我们按常规去定义的一个职业。我从不把建筑当成一种职业。我相信建筑不是别的，而正是一种艺术，更倾向于个人化的体验，我们也不应该全部受制于条条框框的影响。我们的建筑教育总是告诉你什么是基础，以及要遵守什么样的原则，但这并不是全部。你所学的，只是建筑的过去。这些东西只告诉你过去是什么样的，但从来不会展示未来。建筑师只能作为一成不变的学科专家这种观念亟待转变。建筑需要吸收来自外部的输入来进行改革，才能不断产生创新性的观点。

设计是与试验紧密相连的，而不是机械地去执行。
是的，我认为试验性是关键点。如果把试验性的想法从思考和设计过程中排除掉，我不认为这样的设计会有自己的灵魂和活力。

不同的角度

你曾在美国学习工作过。八年之后当你回到中国时是什么感觉？有什么不同?
当我回来的时候，城市并没有什么改变。文化，历史的脉络，整个城市和国家还是我离开的时候那个样子。但变化也是从那个时候开始的，主要指的是基础设施建设。实际上更大的不同还是我自身的变化。当我观察城市时，开始有了不同的判断，从不同的角度审视城市和建筑。

哪方面的变化最明显?
当我经历中国的变迁的时候，最引人注意的是城市基础设施的剧变。我也感到很迷茫，因为城市不仅在改变它的面貌和形象，而且逐渐变得不再属于某个特定的地域了。同时我感觉到城市里很多有意思的空间在消失，取而代之的是一些毫无意义的空间，让人提不起兴趣。

美丽与诗意

你是否想要创造出一些新事物？我指的是，刚开始在都市实践工作的时候，是什么样的观念影响了你的设计?
我仍然记得在都市实践的第一个项目，深圳规划局办公楼，这也是我在国内第一个建成项目。深圳由于地理位置接近香港，是中国历史上最早开放实验性市场经济的城市。那时候，资本就是一切。建筑渐渐失去了品质，缺乏生活气息。而这个设计则另辟蹊径：不仅创造出一种新的政府办公楼类型，一种新形象，更创造了一个让人在心理上感到亲密的空间，你能感觉到一切都是透明的、“诗意”的。一般来说中国的政府大楼都是一样的：一个巨大、敦实的体量，这种形象来源于古罗马和古希腊的古典建筑。

为什么你倾向于运用那种建筑语汇?
这种建筑标志着权力，这就是他们的想法。所以当你看到一个神庙外观的建筑时，

OCT设计博物馆
摄影：方振宁

你绝不会感到这个建筑是属于你的：你可以远观，但是无法进入！我们的设计彻底颠覆了这个观念。使用者可以自然而然地走进建筑，他们不会感到不安。这是因为水和自然平和的环绕给建筑带来了透明的感觉。当人们看这个建筑时，会感到美丽和诗意。重点是简单材料的使用：几乎整个建筑都是纯粹的混凝土。我也偏爱这种大面积精致的幕墙。建筑的品质存在于细节之中。

我们无法重建过去

当整个都市环境都逐渐远离自然的时候，你是如何重新在建筑和城市中引入自然的？
深圳OCT设计博物馆也许可以用来解释这层关系。它运用自然，但不是一种真实的再现，而是一种抽象的概念。我创造了一个充满对比的空间：在外部，你能看到明确的轮廓；建筑形式明确地勾勒出轮廓。因为我们用了一个贝壳的形状，你能清晰地看到边界、轮廓，它的几何形态，但相反的，内部空间则用来创造一个没有边界的无限的感觉，没有明确的界限。

OCT设计博物馆是怎么处理和周边关系的？
这是个新区，几乎位于城市之外，更像是一个近海的郊区。我使用了鹅卵石一样的有机形态，材料带有轻柔的反光效果，这样建筑就从各个角度反射周围环境。很多人会径直走到跟前，观察它，和它互动。当有云或者雷雨的时候，也会反映在这个表面，建筑就自然地融入背景环境中。就是这样一个概念：对周围环境的反映是让建筑与环境对话的另外一种方式。当我与古根海姆基金会合作的时候，也有一个类似的概念。我当时受邀设计北京的古根海姆博物馆。基地在北京的市中心，周围环绕着明朝的建筑，还有紫禁城。我感觉周围这种特殊的环境需要受到保护和尊重。我的理念是尽可能不加任何改动，创造一个不可见的或者几乎完全隐蔽的建筑。首要任务是我们需要与历史产生对话，而历史是不能被破坏的……但同时，我们也不能只是对古代建筑作出拙略的模仿。

那你是如何做到的？
你必须细心观察才能发现这个建筑在哪，它更像是一个艺术装置。我感觉与历史建筑对话这一选择也是另一种可行性。不然你只能什么都不建。如果要建，就只能建成临时建筑，或者试图建造一个尽量对周围环境不产生影响的建筑。比如说，在建筑的外边可以有一些临时的装置，在完成这个任务之后就可以消失了。这就是我的概念……我很欣赏中国传统，但那也意味着我们不能做一个“仿古建筑”。我们不能去复制，而是必须建一些当代的东西，新的东西。

就在北京市中心的前门大街，有一个仿古新区，设计都是参照照片和电影影像，所有东西都是新的。
那些根本不能当作建筑来看待……他们投资了多少钱在那些所谓的“仿古建筑”上面？这些比原有的建筑要丑陋、低劣得多。而且导致现在没有人分得清哪些才是真正传统的建筑。我们应该这样想：我们不能去建一个明朝风格的建筑；我之所以把建筑看作艺术的原因是，艺术要反映现实。艺术要能表达你自身，真实地表达你的需求，不能容忍任何虚伪。但有时候建筑会去伪装成这个那个……这简直是灾难。我们无法重建过去。关键在于，你永远不可能重建历史，也不可能去重复它。历史是有记忆的，我们无法重塑时间。这就是为什么我痛恨这种建筑，因为这些建筑假装很老旧。这没有任何意义，而且恰恰破坏了文化。

那应该怎样才能在避免“仿古建筑”的同时诠释传统建筑的理念？
模糊酒店就是个例子：我们在原有的方盒子结构中引入了一个院子。把这个方盒子打开，再把院子放进来……在这个项目里，我们没有照搬传统的建筑语汇，而是用小尺度的院子创造了形式与空间之间的对话。

遵循原有的形式

几千年来，在中国人们都是用同样的语汇和风格重建建筑，只有细微的改变。但是随着现代化的到来，社会改变了，尤其是20世纪六七十年代之后的蓬勃发展，这种传统做法逐渐消失了。那么现在我们应该怎么做？是应该继续改变，还是试图重新恢复正在消失的文化？
首先，我们必须尊重和保护我们的过去，必须竭尽全力去保护现存的传统建筑和城市肌理。其次，也需要重新恢复并且进行融合：寻找出城市的DNA，然后沿用这种观念把新的系统融合到城市中去。在过去，从元朝到明朝，甚至清朝，建筑都没有

深圳规划局办公楼
图片提供：朱锫建筑事务所

过很大的演进；基本上它们都是一部分一部分地不断重建，或者像清朝，在新建筑上仍然采用明朝风格的语汇。我确定直到明朝，他们都一直在采用相似的建筑类型，没有根本上的革新。而在西方，建筑语汇一直在变化，一直在自我更新。但是在中国，建筑语汇是一种连续不断的递进。在中国建筑里，建筑意味着什么，并没有一个明确的说法或定论。在古代中国，建筑是临时性的；这才是中国建筑的传统，材料可以被置换，但建筑类型一直遵循原有的形式。古罗马继承了古希腊的部分文化；之后，文艺复兴又继承了古罗马的一部分，甚至哥特时期也继承了原有的一些东西。所以我认为所有的东西都是一步步演进的。

那么什么发生了改变？
人们一直在改变建筑语汇，但是真正彻底有所突破、整个态度发生转变的时代，是现代主义。我认为工业革命让人们获得了技术的力量；这种强大的力量彻底革新了建筑行业。

这两种文明的轨迹有何不同？
当今中国建筑的问题是如何与传统联系起来。这不仅是中国的问题，也是整个世界的问题。原始社会开始出现建筑，不论是中国还是西方，实际上每个人刚开始都住在洞穴里。随着时间的推移，发展出更复杂的系统，引入了石材，由石砌演化到拱券。但东方的建筑有所不同；建筑材料从石头变成了木材，发展出类似于巢穴的类型。在中国的最西南地区，你甚至现在还能看到当地人仍然在用类似的方式进行建造。中国建筑直到近代之前一直沿用相似的理念，而西方建筑则一直沿用“洞穴”的概念：一种是石造的“洞穴”，一种是木造的“巢穴”。
这也是我在设计中时常用到的概念。最近我设计的云南大理杨丽萍表演艺术中心就是两种概念的融合。这个项目结合了两种不同的设计方法，理念与中国传统文化的阴阳有着密切关系：洞穴是阴，巢穴是阳。除去很强的现代建筑形象之外，这个建筑其实十分贴近自然，采用的是自然采光；建筑的热舒适度也加以特殊考虑，力求找到简单和自然的设计方法。我认为我们应该从原始的建筑类型中学习：设计应该在传统和自然中寻找灵感。

与周边对话

我发现你很多方案都立足于一个特定的“建筑意义”上。这种手法在模糊酒店和深圳OCT设计博物馆项目中都有所体现，你试图脱离单纯的功能主义建筑，更进一步地研究某种“超越建筑的意义”。象征性、符号性和标志性是如何影响你的设计理念的？
我们需要为人们创造新的体验。这是关键。这种新体验或许会给你的建筑带来标志性的效果，或者与众不同，或者创造出个性。我的目的是用新颖的形式、设计或者创意去创造出这种体验，而外形只是最终结果。特殊的建筑形式是创造力的产物。如果你去深圳华侨城，就会发现我设计的这个“鹅卵石”与环境很契合，因为周围的一切都是新的。我到基地考察的时候，意识到这个博物馆会被周边非常复杂的商业建筑所包围。每个建筑都想引人注目，但是我希望建造一个纯粹的博物馆，让你感觉到平和，感受到场所的诗意，感受到自然的启发。我觉得这个设计能让人们感到亲近；周围是海岸，这个设计嵌入自然中。人们需要一个聚会的场所，需要一个广场，需要一个能停留的地方，就像中世纪城镇里的小教堂一样。需要这些东西来打破整个很平淡普通的区域。

所以，创造一个有意义的景观的方式是设计出与周边与众不同的建筑？
是的，创造一个有机的形式，一个可以反映环境的表面。但当你建立这种联系的同时，你会感到这个设计与周边产生了对话。

谁来为它买单？

在你多年的设计实践中，感受到了哪些限制，又感受到了哪些可能性？
我觉得，从创新角度考虑，现在的大环境是很好的。建筑师面临的挑战与艺术家不同；艺术家有想法的时候，是可以实现的。有时候我的设计被认为太过于试验性，所以我无法去实现它们。比如说一个艺术家可以自己制作一件装置或者艺术作品来实现它。但在建筑领域你做不到，因为你必须依靠其他人。谁来建造这个建筑？所以我认为设计的挑战来自于外部的先决条件。并不是说很多人会限制你的自由，实际上你可以做任何你想做的，但是建筑必须要考虑现在的市场，问题是：谁来建造？谁来为它买单？

模糊酒店
图片提供：朱锫建筑事务所

HOTEL KAPOK

模糊酒店模型
图片提供：朱锫建筑事务所

徐甜甜

DnA工作室

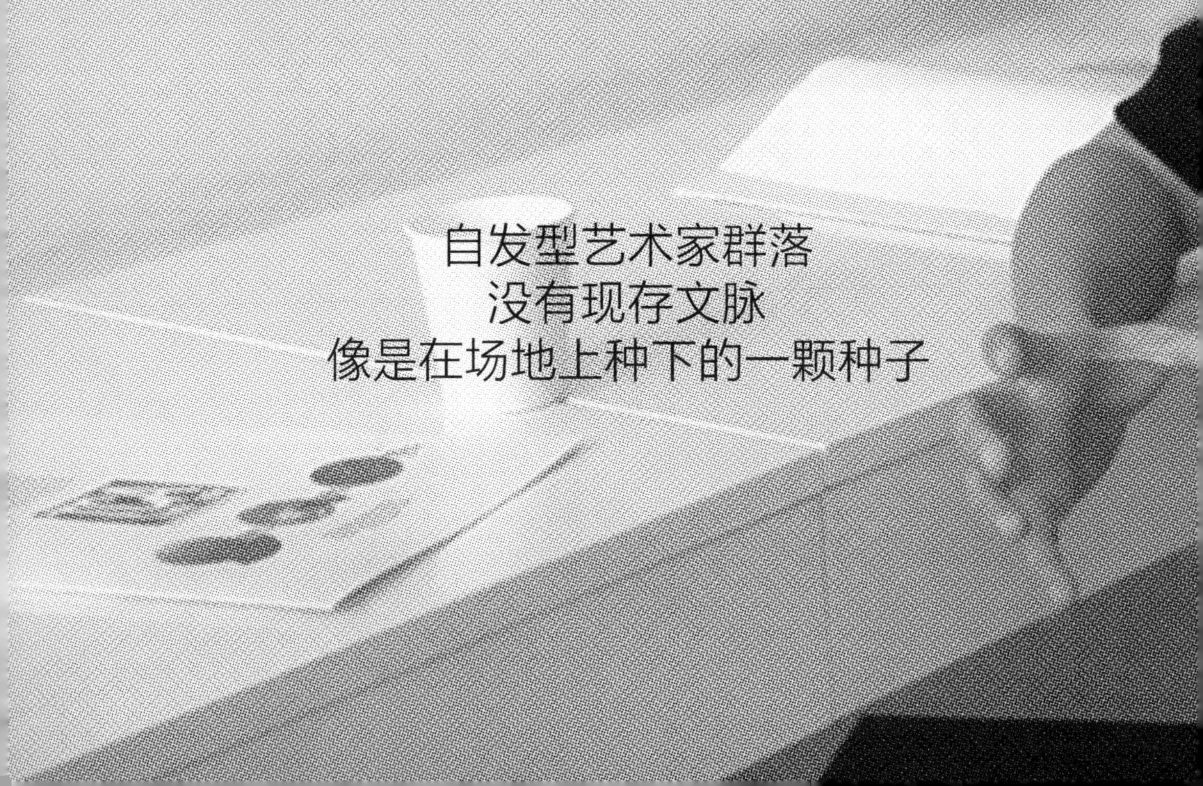

自发型艺术家群落
没有现存文脉
像是在场地上种下的一颗种子

对话徐甜甜
摄影：张涵坤

在中国，我们有历史，但没有现存的文脉。所有的文脉都是为了未来而打造的。绝大多数建筑设计，规划预计寿命都只有五到十年。在这种情况下，最重要的就是为了未来、为了规划好的目的而排布功能。即使手头的项目处于偏远郊区，也很有可能在一两年内人口密集起来。所以这是在中国作设计时最与众不同的挑战。

北京 2013年

徐甜甜

徐甜甜作品
图片来源：作者

1
宋庄艺术公社
摄影：作者

2
宋庄美术馆
摄影：作者

3
小堡驿站
摄影：作者

1
2
3
小堡驿站

自发型艺术家群落

宋庄的现状怎样了？我有一段时间没去过那了。

宋庄发展得很快，有很多正在建设的项目，尤其是你的三个项目周边，住宅楼正拔地而起……我必须承认你所设计的项目（宋庄艺术公社、美术馆和小堡驿站）受损都比较严重。
太令人失望了……

表皮有磨损，刷漆有脱落现象，而且部分金属也氧化了。建筑外表面上挂满了空调，影响建筑的轮廓。
这些建筑需要修复对吗？

是的。我担心的是这个地方的位置。为什么一个艺术区要建得离城市这么远，如此难以到达？很少有人去参观，所以建筑维护就被忽略了。除了开销较低，选择这个地址还有什么其他的原因？
大概在六七年前，艺术才刚刚作为一种主流形式在社会上兴起，之前都是很不入流的。宋庄大概在20世纪90年代初兴起，1994年有一些艺术家从原来的圆明园画家村脱离出来，他们中一部分找到了这个脱离城市的喧嚣，但又不是特别远的地方，房租便宜，工作室也更大。他们建立起了这个村庄，然后定居下来。在这儿从当地村民那里买房，然后改造成艺术工作室，这个活动已经持续进行了十多年了。我认为这个地区的开发大概是从2005、2006年开始的。

他们是怎样定居下来的？
20世纪90年代的时候只有几个艺术家，但不知怎么这里变成了一个吸引全中国艺术家的地方。他们来北京的时候总是到这来，最终艺术家们慢慢聚集起来。我记得我们的项目开始建设的时候这里已经聚集了大概五千位艺术家。所以跟传统意义上的艺术社区有所不同对吧？通常人数会少很多，而且聚集在画廊周边。

是的……比如用798艺术区举例，是一个封闭的街区，从城市中独立出来的孤岛：就像个泡沫一样，把自己包围起来，没有与居民、商店以及其他城市生活融为一体……
798是个很有趣的例子，那里有很多边缘化，但是水准非常高的画廊，不是吗？宋庄则不一样，它不被商业化的画廊所包围，而更像是一个自发型艺术家群落——而组成这个群落的艺术家们又吸引了更多艺术家的到来。不过就像你所说的，它当时与市场的联系不是很紧密，与艺术界商业化的这一面关系不大，对作品的筛选也不是很严格。各种艺术并存，是个开放的、欢迎各路艺术家前来的地方。然后在过去五六年里，你也看到了，很多开发项目开始介入。但是我比较质疑那些新画廊的水平，大部分都是地方政府投资或者由中国所谓的创业产业政策支持。这是一个很笼统的促进设计和艺术发展的概念，把创意产业商业化。所以突然一夜之间，宋庄出现了很多基础设施和建筑工地，而且由于艺术市场突然繁荣起来，很多艺术家开始在这里建一些很奢华、高质量的住宅。

不同的角度

你20世纪90年代末在清华大学和哈佛大学的学习经验是怎样帮助你形成现在的设计手法的？
我进清华的时候整个教学还是以工科为导向的。我认为清华也在转变，现在整个氛围都不一样了，但是我16年前毕业的时候跟现在大不相同。当时不太关注建筑设计，而更注重工程学、技术性设计。而另一方面哈佛大学正好相反，因为那里特别关注设计，让建筑怎样变得更友好，更容易接近。关注的重点在人的感官上，怎样使用建筑和空间。我学的是建筑和城市设计专业，这给我带来了更广阔的眼界。不仅仅关注一栋楼，而是教你怎样从更大的环境范围看待它，以及怎样从感官角度去考虑建筑……从不同角度看待建筑。

这段经历给你留下了什么？
在学校的那些年我还在尝试理解什么是建筑，后来由于我在波士顿工作过几年，然后又去鹿特丹，之后回到中国，开始和很多艺术家以及艺术圈子共事。我必须说和艺术家共同工作的经历更能激发人的灵感。当你从另外一种学科的角度看待建筑的时候，感觉是完全不同的，理解也不同。

宋庄美术馆
摄影：作者，2013年

那你又从荷兰的经历中学到了什么？
那是一段很短的经历，不到一年，我们在CCTV大楼项目上下了很大工夫，但是整个办公室都是那种氛围。世界各地充满艺术气息的建筑师们都聚在一起，他们都非常有活力，对建筑充满热爱和激情。我认为最关键的就是要对建筑持热情的态度，这是最重要的影响。

那么你在大学教育系统里，最想改进的是什么？
应该变得更开放。尤其是刚开始几年学建筑的时候，对于学生来说最重要的就是要开放思想，更多地去超越建筑师而更多地关注建筑本身。还有很多东西都能激发灵感，艺术、文化、文学，所有的一切，生活中的一切。所以开始学建筑的时候要把这些当基础。清华大学正在非常积极的转变中，比如我和清华的老师们一个月前参加了学校周围的一场评论会，所有都用英语，学生和其他国家的学院共同合作。他们正在变得国际化，有很多和其他学校、学生之间的交流。

没有现存文脉

你现在手头有什么项目？
我们在天津有一个项目，离北京不远；这个项目不大，两千平方米。是个为游客服务的建筑，其实包含了很多功能。有点像家庭旅馆，但也是游客中心，是个小型的公共建筑。这个不是私人项目，但也不是完全对公众开放。

是在城市里吗？
是在市外。在天津港旁边，是个郊区，现在是很自然的环境，但是很快会变成城市的一部分，或者一个新城。

你设计这个建筑的时候，在这种飞速变化的环境中是如何找到灵感的？
这一直是个挑战。我认为不应该只为当下而设计，对吗？而是为未来设计。有很多像这样的项目，所以可能跟欧洲城市比起来手法是不一样的。在欧洲普遍认为建筑应该融入现存的历史、文化和文脉中。在中国，我们有历史，但没有现存的文脉。所有的文脉都是为了未来而打造的。绝大多数建筑设计，规划预计寿命都只有五到十年。在这种情况下，最重要的就是为了未来、为了规划好的目的而排布功能。即使手头的项目处于偏远郊区，也很有可能在一两年内人口密集起来。所以这是在中国作设计时最与众不同的挑战。

像是在场地上种下的一颗种子

那么在为未来设计的时候应该考虑到什么？
比如说宋庄美术馆，我们接手之前那里就是一个用来开采砂石的废弃工厂……所以是一个完全荒芜的场地，没有人，没有生气，也没有文脉。所以第一栋建筑对于那个地区的艺术家圈子来说应该像一个神庙或者教堂一样重要。所以设计的时候要把自己融入那种氛围中去感受，去想象这个艺术圈子在未来会活跃起来。现在宋庄确实变得很活跃，有很多活动。很多建筑和艺术工作室都在那里建起来了。它就像是在场地上种下的一颗种子。重点不在于融入其中，而是展示出更多的活力，展示未来的无限可能。

就像通过创造新情境来改变现状。
正是这样，这个建筑对于旁边的新建筑来说变成了新文脉。在鄂尔多斯我们的美术馆也是这样，我们希望能与基地以及周边环境产生对话，各个方向都能有个开阔的视角。所以它变成了个中心点——其实它正是当时那个场地的第一栋建筑，但是确实能发展起来。我们希望能以更开放的姿态迎接今后周边的发展。但是之后的鄂尔多斯博物馆就不一样了，因为没有再接着开发了，不是吗？所以我很期望看到这个基地接下来会怎样发展。几年前发起了“鄂尔多斯100”这个建筑群项目，结果发展成了个鬼城……我2006年去那里的时候，整个城市就是一片山丘，什么都没有。只有一条主路通往这个“未来之城”，当时只有市政厅正在建设。那个市政厅非常大；在一个完全空旷的城市里面员工人均面积达到了108平方米。

住宅楼和房地产

鄂尔多斯所建的大部分项目都是住宅楼和房地产建筑，基本上是全中国通用的建筑类型，勾勒着城市的面貌……

我不为房地产工作！（笑）但是我认为住宅单元还是有一定的高效性的。我的意思是，每个公寓之所以是这种形态，都是为了提高效率，但是这种高效性的平面布局完全是由市场决定的。我必须说明，如果让我们来设计这种住宅类型，我们的手法会完全不同。如果我是负责建筑师，会更倾向于从零开始。

会从哪些方面有所不同？

我不是说他们是错的，但是他们本来可以下更大功夫。比如说我们要设计一个住宅小区，我会以这个社区本身作为切入点。如果真的要建这么大规模的小区，应该在如何设计出优质的社区公共空间、如何将社区和整个城市相连接，以及如何创造出优美的景观上下功夫；比如优质的庭院、公共设施、公共空间。而不是像这种设计；这就像是另外一个错误，这是"鬼城"的另外一个证据。

这可能不仅仅是建筑学问题，更多的是社会学问题。所以你问我这些住宅的时候，我建议你去问真正在房地产业工作的专业人士。可能客户，或者开发商需要一些更好的教育，不是吗?

宋庄美术馆
摄影：作者，2013年

宋庄美术馆

无间断式发展：“造城运动”

“造城运动”（City-making-process）

全世界都在关注着中国这个造城机器，关注着遍布各地的主题城市和城市周边的新经济开发区。满眼都是重复的建筑，这些区域入住率并不高，但是让城市规划师、建筑师以及民众都感到惊奇的是，这些房子基本上在未建成之前就已经售罄了。
购买这些新建住宅的花费并不低，过去三十年间，正是这样的中国经济奇迹带动了人均国民收入的增长。1978年的经济体制改革是触发国民生产机制的驱动力。这个改革促成了上百万人从欠发达的西部迁移到大城市中，来追求更高的收入，稳扎稳打地提高自身经济生活水平。

一国两面

当这个“经济奇迹”开始的时候，发展是十分不均衡的。如果我们不以地理位置，而是以社会文化的分布特点来看待中国，不难看出可以主要分为两个大区：繁荣的东南部和次发达的西北部。政府决定不可能同时发展整个国家的经济，所以要先将所有精力集中在

艺术装饰风格的房地产高层住宅楼，展示着城市的建造进程，西安
摄影：作者，2013年

一国两面
“造城运动”
房奴

有限的区域内，为其提供更快发展的机会，再由这些地区带动来刺激其他地区的发展。这就客观允许了少数人手中掌握大量的资本去促进并提升整体的经济增长。
从20世纪80年代起，中国开始执行"计划经济增长"政策，通过对私有领域提供特殊便利来发展欠发达地区。由于这一政策的成功，经济特区逐渐发展起来，范围逐步扩大，被称作地域性经济区。[1]
值得一提的是，从东南部开始发展的经济特区（尤其是深圳，以及上海浦东、长三角地区和最近几年的天津）。政府在这些特区投入了最大努力，将规划力量集中于这些相对容易控制的小范围区域。第一个试验点是在深圳，它吸引了大量来自香港和台湾的投资。1990年上海紧随其后，而现在轮到了天津，但这里的投资来源发生了转变，主要是来自于国外，甚至是亚洲之外的其他国家。
经济特区的设立以及对私有领域特殊政策的保障是中国现代化的关键——正是这样的机制推动了中国城市的发展。
"造城"是国家建造和扩张城市的经济策略。多亏了私有企业可以投资建设的特权，即使在一些资源有限的城市，也可以对基础设施和公共建筑进行投资。
造城机器的影响范围不止于独立的城市，也会关注在政府全球化视野下连接不同城市之间的脉络。这可以从几个方面解释为何权威部门在"造城"过程中会如此大力投资：正面提升政治形象，以及显示出其改善落后地区条件的意愿。
这个策略在自由经济市场内是不可能实现的，因为这种策略不能反映市场走势，也不会让欠发达地区出现改观。总体来讲，这个体系不可能在政府的完全控制下存在，更不可能在完全没有规则的条件下生存，这样只会让情况更加恶化。

"造城运动"

只有政府可以批准土地的使用和建设权。
政府向公司或者开发商颁发土地使用许可，来交换私人企业的投资。中国建筑现在的预期寿命是35年（远低于大部分西方国家），长期房屋产权则为70年，之后开发商可以在同一片土地上重新建造，政府也能够从第二次、第三次建造中重新征税。
政府通过控制土地所有权以及加强城市规划发展来实际控制土地的使用，使其变为半公有半私有的规划方式。[2]
第一阶段的公路建设是最困难的，第二阶段发展则包括了整体的重新规划和自我更新。第三阶段注重如何调整整个社会系统以适应当前的需求。第三阶段来自不同层面的干预实际上生成了城市的肌理。
当社区和城镇建立起来后，开发商需要承担基础设施的建造费用，有时候还必须参与建造整体行政区域的项目。开发商如果想要从"造城运动"中获得高额回报，就必须要遵循这一基本模式。
政府对于开发商的项目设计采取的是宽松的态度，只提供合理的功能性规范，规定容积率和最低服务性设施标准，但是对建筑形式没有任何规定。开发商是否会进行各种尝试，一般都取决于其简便程度——然而新的开发项目往往拘泥于已经经过现实考验的已有建筑类型。
私人和外资企业带来经济的迅猛发展，也影响着原材料的价格；在几十年的不断下滑之后，原材料价格稳步上涨。中国对原材料的消耗量几乎占了全球总量的一半，中国也是主要的生产国（46.9%的煤炭，45.4%的钢铁，41.3%的锌，40.6%的铝）。[3]
考虑到中国国内生产总值不到世界总量的10%，这组数据别有意味。原料需求和国内生产总值的差距显示了中国政府是如何在建设上进行大力投资的。当然所有这些增长和生产都要付出代价。
2012年，空置房总量为6400万套，每年建成20个新城市，而在大城市中不动产价格被高估了170%。
大型投资商需要满足对住房的持续不断的需求。即使可以预期这些房产会在未来空置多年，个体和小型投资商仍然继续买入房产，因为投资的预期回报仍旧不断增加。这种预期又不断持续地推动房价。多年的房价快速增长之后，如今盲目的消费者不顾一切地购买房产，又人为地推动了对房产的市场需求。心理压力也是房地产价格不断上涨的主要原因。

房奴

房主们又被称做"房奴"。他们需要工作15~20年来攒首付款，再工作20～30年来偿还房贷。但是之后他们的稳定情况并不能持续多久，因为这些房子很将会变成维修或拆除的主角。另外，土地所有权仍然归国家所有，一旦70年产权到期，政府就有权将它们拆除来为新的建筑让位。
一旦增长过快，政府就要努力控制其带来的"附带性损害"。政府意识到房价上涨

1
Den Hartog, Harry. *Shanghai New Towns: Searching for Community and Identity in a Sprawling Metropolis*. 010 Publishers, 2010.

2
Chen, Lei. *The New Chinese Property Code: A Giant Step Forward?*. Electronic Journal of Comparative Law 11.2 (2007).

3
Hui, Keith KC. *Helmsman Ruler: China's Pragmatic Version of Plato's Ideal Political Succession System in The Republic*. Partridge Publishing Singapore, 2013.

"用数字讲述房地产市场泡沫"
图片来源：作者，2013年

西安某住宅小区
来源：第十四届威尼斯建筑双年展*基本法则，中国现状*一展，2014年
摄影：作者

投资商

购入开发许可

政府集资

所筹资金用于基础设施及公共设施建设

投资商影响公共及政府投资

来源: economyandmarkets.com, Rodney Johnson, 2015

房价 高估 650%

上海房价自2000年以来增长650%

百万闲置房

来源: www.journeyman.tv, Gillem Tulloch, 2011

2015 +20

2016 +20

2017 +20

2018 +20

花园

上海苏州河边庞大的房地产高层建筑群
摄影：作者，2013年

南京
杭州
天朗御湖
西安
上海
i-City
重庆
北京
成都
深圳

和农业用地减少带来的问题，正在通过严厉的手段打压房地产投机行为，比如资本控制，增加房产税，限制人均拥有住房数量。但是这些政策并没有取得预期的效果，闲置房和价格飞涨等问题仍然存在。

建筑又会怎样？

我们可以对这种态度的可持续性进行讨论，但还是让我们来谈谈建筑，并且试图理解这样的大规模生产是如何影响建筑本身的。
政府除了规划城市化进程之外别无他法——他们不能控制单体建筑。建筑师才是定义建筑的人，政府制定规范，私有企业在遵循规范的前提下创造着城市。
这类建筑的特点是低预算、简单的装修处理、快速设计和施工。“造城运动”所产生的建筑的基本特点包括造价低、样式重复，但这样性价比最高，效率也最高。场地设计也从各个角度满足最大容积率。建筑的类型和样式多是重复那些已经存在并经过实践检验的。在建筑事务所里，几百名建筑师翻阅已建成建筑的图册，他们要寻找的不仅是一个设计的出发点，更是现成的解决方案，以便将其适用于下一个项目的平面布局中。
各种风格的元素早已在其他建成项目中由同一批建筑师们设计出来，也经过了不同背景和环境的考验。因此这些经过重重考验的方案只要经过少许的调整，就可以很好地适应新场地。
最后的结果就是我们现在能观察到的近几年建成的建筑。新的建设区域要遵从建筑规范的高度限制，于是在老城区周围出现了成片的塔楼。拿北京举例，在历史城区的范围内是不允许改变传统城市肌理的，而在其周围一个新的建筑密度明显地将边界环绕起来。这就是建筑规范的限制与私人开发商最大化利益共同作用的具体化表现。
建筑师并不自由，他们不可避免地被体制所约束。建筑师要满足来自客户、开发商的要求，同时还要受到国家的限制。最后，真正创造了城市的不是建筑师，也不是国家，而是开发商。
在中国，复制是十分有用的，反复经过各种不同状况考验的建筑形式可以大大降低失败的风险。所有的重复其实都带有试验性，因为它们需要去适应不同的体系和状况。可以将其看作一种替代建筑研究的方法，就是把建筑的做法从理论转移到了实践。如果我们不这样探索，不使用这种建造方法的话，中国的建筑规范会把建筑师们一下打回解放前。因为这样将会无限期延长建筑的完成时间。国有设计院需要审核每一个项目，所以房地产项目这类不重要或者收益不高的建筑类型的材料审批过程将会变得十分缓慢。只有大型的、重要的或者媒体关注度高的建筑项目才能从简化的手续中获益，这极大程度地将建筑设计限制在已经过检验合格的形式中。
我们并不是在讨论“不幸中的万幸”或者“不确定的最好”等逻辑，它们背后隐藏着大开发商无法承受的失败的可能性，而是在讨论选择已经适应了现实的最有效方案这一思维模式。
这种方式缩短了建筑的生产周期，使得“造城运动”成为可能，也是中国经济发展的主要驱动力之一。
所有的一切都运转良好，直到问题出现的那一天为止。

“千篇一律的城市”
来源：第十四届威尼斯建筑双年展*基本法则，中国现状*一展，2014年
图片来源：作者

西安市郊
摄影：作者，2015年

房地产宣传单
来源：第十四届威尼斯建筑双年展基本法则：中国现状一展，2014年
图片来源：作者

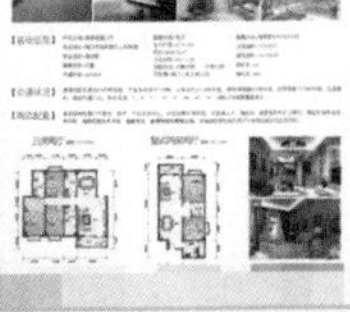

无间断式发展：实验性经济奇迹

和欧洲相比较而言，亚洲城市化发展的数据十分惊人：中国的城市化速度是欧洲的5倍，20年之内就取得了欧洲一个世纪的发展成果。[1]
建设总量是欧洲的5倍；有23个城市超过了500万人口，而欧洲只有3个。2030年当人口迁移的进程完成时，还会有5亿人口迁入城市，使城市人口达到人口总量的85%。[2]在20世纪80年代改革开放之时，人口比例正好相反；那个时候83%的人口还居住在农村。[3]此外，中国的人口总数是欧洲的两倍。从这些大数据中，我们对于规划师和建筑师每天面对的实际情况能够产生初步了解。这种增长形势对于大城市应对外来人口和自身发展都是极大的挑战，而且同时还要保证社会基础服务设施的分配。

摸着石头过河[4]

自从经济增长初期以来，针对建设开放型社会期间出现的种种问题，产生了一系列的改革。第一批出现在20世纪70年代末的农村。"二战"之后，推出了刺激生育率的政策，有五个以上孩子的家庭很普遍，甚至对生孩子多的"英雄母亲"予以官方认可。这样一来，劳动力增加，可以保家卫国，也可以参加工作来促进经济生产力和科技水平的发展。同时社会政策保持不变，绝大多数人仍留在农村地区。单位，作为一种国有社区组织控制着整个社会，当时人们如果没有经过批准是无法合法离开农村的。
而70年代末，政府开始意识到这种政策的不平衡性。农村人口增长过量，劳力供大于求。[5]
1978~1984年间，经历了农村地区的第一次经济改革。历史上第一次出现了政府开放土地使用的政策，使得这83%的人口获得了土地长期租用权。这带来了一系列的连锁效应，大大刺激了农业生产和销售，小型的自由经济市场填补了公共服务业的空缺。同时，这些政策的执行也造成了人口过剩的局面，从而使一部分人由农村迁入城市变为可能。多年以后，这些法规的积极影响越来越小，消极效果开始显现。城市并没有充分的准备来完全消化这些新迁入的人口。为了继续发展，第二波经济改革开始了。
1985~1992年间，城市经济的管理改革力度进一步加大。从农村企业到市级、国有甚至外资的私人企业，这些改革逐渐给予个人更多的自主权，同时通过进口贸易提升经济福利。
1993年，这些重组政策慢慢又失去了效果，而邓小平的南方谈话则开创了一直延续至今的第三次经济改革。这个活动的政治意义重大，旨在调动未来改革的积极性。私人企业进一步发展，对它们的承认和接受程度达到了前所未有的高度。能证明这一变化的代表，就是当年出现的第一家私人建筑事务所。创办人是麻省理工学院建筑系前系主任张永和，他是第一个具备广泛国际影响力的中国当代建筑师。这一举动刺激了第二代中国建筑师的形成。
20世纪90年代后半叶，由于独生子女政策的滞后效应，经济发展有所减缓，政府立即针对性地作出回应。为了弥补劳动力的巨大落差，政府放宽了部分农村户口临时迁入城市的政策，使得季节性的农村劳动力越来越普遍地出现在城市中的施工工地上。这样一来，都市经济继续快速增长，再一次建立起了平衡。[6]
邓小平在改革初期将其比喻为"摸着石头过河"，强调在前路不明确的状态下持续探索。这意味着这种系统性的改革以前从未出现过。每次改革都会产生下一次改革的需求和可能性，一代一代更迭交替。在不到30年的时间里，中国由中央计划经济转变为市场经济，2013年世界经济体GDP排名第三，仅次于美国和欧洲，而在20世纪80年代"经济竞争"开始之时仅排名世界第十三。[7]
政府持续不断地稳步修复整个体系的缺陷，而不是冒着风险去逞能地一次性解决所有问题。下一个需要面临的重大挑战，是如何应对过剩的房地产建设。全世界已经做好尽可能提供一切帮助的准备，也迫不及待地想目睹中国会通过怎样的新型改革去解决即将到来的困难。

1
Dubrau, Christian. *Sinotecture: new architecture in China; neue Architektur in China*. DOM publ., 2008.

2
Grima Joseph, Cambiaggi Gaia. *Instant Asia: Fast Forward Through the Architecture of a Changing Continent*. Skira Editore, 2008

3
Marinelli Maurizio. *Rivoluzione urbana, la Cina cambia volto: La Cina Progetta il suo futuro*. Orizzonte Cina, 2011

4
Baum, Richard. *Burying Mao: Chinese Politics in the Age of Deng Xiaoping*. Princeton University Press, 1996

5
Grima Joseph, Cambiaggi Gaia. *Instant Asia: Fast Forward Through the Architecture of a Changing Continent*. Skira Editore, 2008

6
Fonte dei dati : indicatori di sviluppo della Banca mondiale (aprile 2008) .

7
Worldbank, http://data.worldbank.org/indicator/NY.GDP.MKTP.CD/countries/1W-CN?display=default

上海浦东，2015年
摄影：Christian Mange, CC BY-ND

上海浦东，1978年
摄影：Carlos Barria/ Reuters/ China Stringer Network

KENT
NEC

1亿 上海同步辐射实验室
2亿 扎哈·哈迪德设计的广州歌剧院
8亿 雷姆·库哈斯设计的央视大楼
11亿 上海环球金融中心
13亿 波罗的海明珠项目
17亿 武汉天兴洲长江大桥
18亿 上海长江路隧道
22亿 上海中心大厦
28亿 红沿河核电站
31亿 加蓬贝林加铁矿工程
33亿 天津海上钻井装置
45亿 临港新城
50亿 沪杭磁悬浮
63亿 向家坝水电站
63亿 北京南站
68亿 溪洛渡水电站
79亿 苏通长江公路大桥
81亿 上海洋山深水港
83亿 尼日利亚铁路现代化项目
102亿 广东阳江核电站
121亿 海南文昌卫星发射中心
161亿 杭州湾跨海大桥
182亿 酒泉风力发电基地
233亿 昆明新国际机场
331亿 京沪高铁——世界上最长的高速铁路
442亿 高速公路扩展到亚洲及欧洲
454亿 宁夏宁东能源化工基地

source: 108 Giant Chinese Infrastructure Projects That Are Reshaping The World, www.businessinsider.com, Vivian Giang and Robert Johnson, 2011

项目规模（根据投资额排列）
来源：businessinsider
图片来源：作者 2013年

3067亿 珠三角一体化——超大城市群

4582亿 天津临港工业区

货币单位：美元

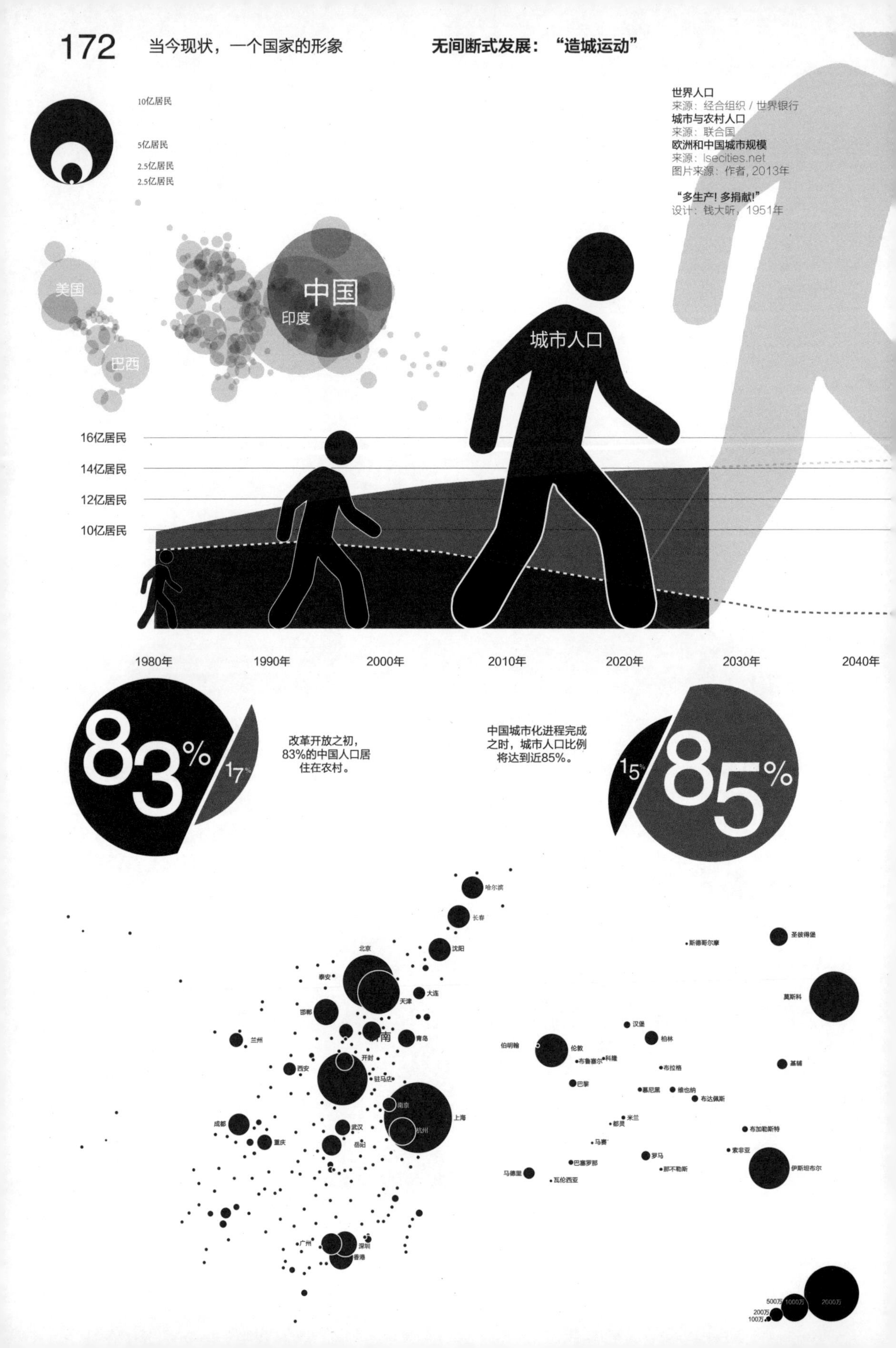

10亿居民
5亿居民
2.5亿居民
2.5亿居民
世界人口
来源：经合组织 / 世界银行
城市与农村人口
来源：联合国
欧洲和中国城市规模
来源：lsecities.net
图片来源：作者，2013年
“多生产！多捐献！”
设计：钱大昕，1951年
美国
中国
印度
巴西
城市人口
16亿居民
14亿居民
12亿居民
10亿居民
1980年
1990年
2000年
2010年
2020年
2030年
2040年
83%
17%
改革开放之初，83%的中国人口居住在农村。
中国城市化进程完成之时，城市人口比例将达到近85%。
15%
85%
哈尔滨
长春
沈阳
北京
泰安
大连
天津
邯郸
南
青岛
兰州
开封
西安
驻马店
南京
上海
成都
武汉
杭州
重庆
岳阳
广州
深圳
香港
斯德哥尔摩
圣彼得堡
莫斯科
汉堡
柏林
伯明翰
伦敦
布鲁塞尔
科隆
基辅
布拉格
巴黎
慕尼黑
维也纳
布达佩斯
米兰
都灵
布加勒斯特
马赛
索非亚
罗马
巴塞罗那
那不勒斯
伊斯坦布尔
马德里
瓦伦西亚
500万
1000万
2000万
200万
100万

愛國公約
多生產！多捐獻！

如家快捷酒店

Piranesi（18世纪意大利艺术家）式
的城市基础设施，北京
摄影：作者，2013年

对话严迅奇

对空间的惊喜和期待
密度与连通性相辅相成
复兴传统文化中的材料性

严迅奇

许李严建筑师事务有限公司

1
2
3
4
5
6

我们对于空间的使用是心理层面的，把一系列庭院和建筑按照它们的地位排列起来，能让人在心理上有所准备，产生一种期待感。（……）因此在当代不同类型的建筑中，我们可以利用这些传统的空间做法来满足不同的要求，这种概念来源于我们的过去。或许这才是中国的（传统价值）。

香港 2013年

严迅奇

许李严建筑师事务有限公司作品
图片来源：作者

1
W酒店及公寓
图片提供：许李严建筑师事务有限公司

2
唯港荟酒店
图片提供：许李严建筑师事务有限公司

3
星际酒店
图片提供：许李严建筑师事务有限公司

4
香港特别行政区政府总部
图片提供：许李严建筑师事务有限公司

5
香港理工大学教学酒店综合大楼
图片提供：许李严建筑师事务有限公司

6
广东省博物馆
图片提供：许李严建筑师事务有限公司

在空无中工作

你曾经遇到过哪些不同的问题，特别是在中国大陆？
最主要的问题是缺少文脉，在很多情况下，你知道在中国的现代城市里，所有人都想在一片什么都没有的空地上建立一个全新的城镇。那里不存在现有的建筑，也没有任何有特色的自然景观，没有文脉，甚至根本没有人居住。一切都从零开始，很难找到出发点去设计有意义的建筑，因为没有任何事物可以去产生关联。

所以在这种缺失文脉的环境中，怎样才能设计出有意义的建筑？
我们最应该做的就是去预测未来会怎样，以及我们正在创造的建筑对于塑造未来会有何帮助。所以某种程度上我们是在空无中工作的，但同时我们也努力去预测未来多年内会发生什么，希望我们的建筑设计可以促进向这个方向的发展。

所以分析现状是为了预测未来可能的走向？
是为了让预测成为现实。从某种意义上讲，这跟一般发展成熟的城市里的做法正好相反，比如香港，所有的一切都要契合周围已经存在的事物。但在中国大陆，你需要在空地上开始建设，并且希望你所创造的这个场景能让今后出现的其他事物融合进来。

“中式大尺度”

你怎么去评价你最杰出的作品，哪个建筑最能代表你的建筑哲学？
有两个建筑作品我比较看重。一个是广东美术馆，因为内部空间有很深层次的含义，而且继承了中国南方的历史文化遗产。对我们来说，这是一个去探索新语汇的机遇，既能表现独特性，又能创造出从外部引人入胜的建筑。外部选择这种做法的原因是为了在室内创造独特品质的空间。所以这是一个相当强势的表现。
另一个是我们最近完成的方案，添马舰香港政府总部，是一个非常特别的都市综合建筑。这是香港最重要的行政建筑群，拔地而起的高层建筑同时包含了服务于公众的开放空间，也将城市的各个重要部分串联起来。这个项目里我们成功地把公共功能引入政府综合办公楼的正中央。所以这个建筑在城市层面上的价值是我十分看重的，它在城市中运作得非常好。当它变成很多人都要经过的公共通道时，这个政府总部就真正变成了连接沿岸与城市内部的枢纽。当然建筑本身的问题就是缺乏一些独特的内涵，基本上就是由办公室组成，最终完成结果上我们能下功夫的不多。所以从建筑语汇的角度上看它并不是那么的突出……

传统物件

什么是文化、中国文化以及古代建筑之间的关系？有没有一种方法可以将古代的建筑在当今现状中转译出来？
我们怎样定义文化？或者什么是身份定义，什么是中国的定义，什么又是区域性的定义？

这才是重点。
我提到的广东美术馆就是一个例子，它从过去汲取精华，用现代的手法诠释出来，创造出一个很独特的实体。这个设计借鉴了“藏宝盒”的理念。还有一个在湘东的美术馆方案利用古代木匠鼻祖鲁班发明的鲁班锁为创意：一个由不同的实体从内部结合为一体的想法。在这个很特别的例子中，我们把五个实体转化为代表五个不同功能的空间：博物馆、图书馆、文化中心、青少年中心以及展览大厅，以鲁班锁的形式展现，在空间上它们相互渗透，但同时也有各自独立的出入口和管理。这个美术馆空间的综合构成正是使用过去的事物来激发灵感的范例。我想说的是，总有某个过去的元素可以当作建筑概念的出发点。你可以把它转化成空间、形式、功能上合理的构成方案，创造出真正能平稳运作、给使用者提供真实可行的解决方案的建筑设计。从这里就能产生出自我定位。这才是传统的输出，将灵感转变成在空间、功能层面都很有意义的建筑，这自然会带来自我身份的定位。

对空间的惊喜和期待

在古代中国和现代中国，什么才是区分人们生活、工作以及娱乐活动空间的特点？
追溯到古代中国，空间以及我们感受空间的方式是非常特别的。利用空间来安排家族的结构；一个家族按长辈、大房、二房、表亲分级。居住空间的排布由你的社会地位决定。而且我们对于空间的使用是心理层面的，把一系列庭院和建筑按照它们

广东省博物馆
图片提供：许李严建筑师事务有限公司

2

的地位排列起来，能让人在心理上有所准备，产生一种期待感。比如进入一座宫殿，要经过入口、一层层的庭院，最后才能见到最高地位的人。所以空间是用来给心理反应作准备的。第三种使用空间的方法则是创造室内外的隔断，像很多中国园林里面存在许多不同层次，其中一部分会渗透到建筑物中。所以即使你在室内的时候，也会有一种在室外的错觉，反之亦然。这种模糊室内外界限的概念也是一种巧妙的空间运用方法。这些我们都可以在今天的设计中当成参考加以利用。

这个概念在你的设计中如何体现？ 哪个方案是这个概念的原型？
我们的广州图书馆方案，就采用了循序渐进的三维空间序列。你不仅是经过一个单独的空间，比如说，你会垂直地经过一个中庭，到达下一个，再到下一个；这会带来对空间的惊喜和期待感，就会愿意一直上到最顶层的最远端去寻找最罕见的藏书。另一个位于上海的别墅方案中，我们用到了文化的构成，在一个现代家庭里用来排辈分；这里是主人，那里是小孩、祖父母与客人。每个人都有属于自己的独立私人庭院。所有人都生活在一个屋檐下，但不会打扰到彼此，仍然是一个家庭。因此在当代不同类型的建筑中，我们可以利用这些传统的空间做法来满足不同的要求，这种概念来源于我们的过去。或许这才是中国的（传统价值）。
文化与社区息息相关。建筑在过去一直用来串联社区邻里的关系，就像我们的村落，我们的土楼一样。这种圆形的建筑物能提供防御，也提供一种内敛的生活状态，创造出一个村庄氏族的观念。同样种姓的族人，共同居住在这种围合建筑中，可以得到保护。使用尺度适宜的建筑空间去创造出社区的氛围，是当今不同建筑类型一再强调的。

这种人体尺度能形成并且激发人们聚会社交的意愿。在当代建筑这个概念有发挥的空间吗？
比如在学校里，在大学的校园里我们就利用到了这种观念，通过创造出可以让人们分享自己的兴趣、分享文化理念、聚会社交的场所，去提供空间上的多样性、亲密性。像我们在西九龙的文化园区设计，就是以周边文化机构围合出来的公共社区空间作为基础的。这个创意空间让志趣相投的人们聚在一起，分享他们的经历、交换各自的想法，或是自然而然地碰撞出火花。我认为这些都是我们能从传统中学到的，并且可以在各种当代建筑类型中加以利用，满足不同的当代功能、需求和心理。

密度与连通性相辅相成

你最初开始设计的时候，怎样得到灵感？
像香港 、新加坡、上海这样的城市，密度是一个很大的文化背景。我的意思是我们正生活在一种前所未有的高密度环境中。尤其是香港，如果你放眼望去，这种密集的程度是前人从未经历过的。如果处理得当，如果密度随着环境的敏感度随时变化，而且处理好通风、私密性、噪声等问题，并且仍然保持最优化的密度，这其实能真正带给城市一种动态的互动，也能提高便利性与可达性。

当代城市完全是另一回事。
事实上在中国许多新区，在杭州、广州，甚至上海浦东也没有这种密度。他们已经遗失了那种缜密的肌理和最优化的密度，而这些才是使城市充满活力、顺利运作的基础。

在城市中如何处理密度问题？
密度要求建筑师去探索新的建筑形式。比如说，在一个位于九龙的方案中，我们堆叠起来一栋20层的零售大楼，零售活动是竖向发展的。另一个在香港理工大学的方案中，在一块非常小的基地里面，我们将酒店、员工宿舍、酒店管理学院三种完全不同的功能组合起来，基本上全都塞进一个综合体里面，这种具有一定密度的开发显得十分必要，能优化土地使用率，促进学生与饭店管理人员的相互交流。所以这种混杂的都市模式、多种功能综合地融为一体，甚至可以把赌场、购物中心这种在高层建筑中不常见的多种功能都垂直叠加起来的建筑类型，实际上能够提供新的解决方案，在欧洲或者美国是见不到的。

在西方也有一些高密度的城市。它们有什么不同之处？
第一眼看上去可能找不出太大的不同，因为我们都用当代的建筑材料，玻璃、钢材、铝等，但是从内涵与组织方式上，如果你更仔细观察，就会发现完全不一样。跟密度相辅相成的是连通性的文化，如果没有城市内部完整的连通，密度是没用的。换句话说，建筑物不是独立存在的，公共空间、私密空间之间也没有明显的分界。

广东省博物馆
图片提供：许李严建筑师事务有限公司

在香港，空间的流动性是区分这个城市最主要的特征之一。建筑上如何去处理这种公共与私密空间的融合？
实际上出于安全考虑，即使在纽约，公私领域还是有很严格的划分；你不可能走进一栋建筑物然后自在地走走看看而完全不被盘问。但是在香港的市中心，你可以自由穿过街道、大厅、人行道，进出各种建筑物，而不用过一次马路。正是这种连通性使得城市在高密度下良好运作。所以建筑变成一种同时在视觉与空间上将我们和城市连接起来的工具，因此城市才会运转得更流畅，变成一个步行之城。城市方便可到达的特点同时也意味着我们可能会减少开车次数，换句话说这代表着绿色环保的未来。所以所有这些文化汇集在一起，并且如果我们用一种和当下需求紧密相关的手法加以处理，就会得到我们独有的建筑。

复兴传统文化中的材料性

日本建筑在细节、纯粹的体量上下了很大的功夫，而中国建筑在某种程度上正好相反。
这倒是真的，但是我不认为这是有意而为。日本人对于细节的精通是让所有人称羡的。然而这个对于细节的掌握却是源自中国文化，因为在古时候我们对自己的手工业非常骄傲；制作的过程在最后的成果中占很大比重。日本人在这方面做得比其他任何人都更精益求精，然而现在谈到欧洲人的时候，他们的水平已经很接近了。我认为我们有心追求这种精细程度，但当下的工业水准和公众的期待与需求还无法达到这种高度。所以在今后适当的时机，我认为这最起码是我个人会追求的目标，去复兴传统文化中的材料性。

这种细节的缺失会不会是一种积极的影响？这会是中国建筑成功的推动力吗？
嗯，我们必须先确定好细部的目的是什么。精致的细节不仅让人看上去觉得很舒服，更意味着对材料的最优化利用。对于不同材料的正确组合运用能最大程度优化功能的运行，从而保证一个建筑的耐久性，降低对维护的要求，也能很好地应对各种天气。总之会看起来很自然。我认为中国工艺的精华就是如此，所以我们追求细节是带有目的性的。所以一个好的建筑，可以没有细节，可以有不太粗糙的细节，只要不仅仅是为了装饰而产生的话，都可以称之为好建筑。

激发灵感

刚才你提到了传统物件、传统建筑的构件。许多在国内外饱受争议的中国建筑就借鉴了这些传统物件的符号性概念。你能更深层次地解释一下你使用这些符号性物件的设计策略吗？
使用任何物件的前提都是它能提供灵感来源；它们要能激发灵感，要跟建筑设计需要解决的问题相关联。如果只是一个单纯的物体，就毫无意义，但是如果这个物体能给出一条线索，我们顺着它找出利用空间组合解决功能需求的方案，那这就有帮助了。更简单的说，就是如果这个来自过去的物件可以激发一个有意义并且符合建筑功能的造型，就可以产生关联。举个例子，如果这个物件能创造出某种建筑形式，但反过来也能从内部相应的产生有内涵、有用的空间，那么用这个物件激发设计的理念才显得合理。拿这个举例（盘古七星酒店），我不了解它的内部如何，但我更倾向于认为这个造型没有真正提升内部空间的品质。也就是说是单纯地为了造型而造型，对我而言已经失去了意义，因为这个造型对于建筑所需要解决的实际问题毫无帮助。

纵观建筑历史，我们可以看到起先都是单纯的装饰，然后出现了形式追随功能的理念，之后产生了多功能用途的方盒子建筑。发展到了现在，我们可不可以说建筑的室内空间和功能是由外部的形式所决定的？
是的，虽然有一些建筑会需要灵活的空间运用，因为空间和功能基本上是由它决定的。有些建筑会对空间有特定的要求。

你认为造型可以产生出新的内部功能吗？
当然可以，但两者必须互相配合。

如果建筑功能会在10年、20年或者100年之后改变，原本的功能慢慢淡化了呢？比如古代的宫殿就非常适合作为当代的博物馆，但并非设计本意。
对，但绝大多数建筑物刚开始设计的时候都会有一个特定的用途。建筑师必须将这个特定的用途牢牢记在心里。如果10年之后这个用途不再成立，需要改变的话，这是建筑师不应该也不能够预测的。在未来会发生什么取决于内部空间能容纳的活动，即便它在一开始是为别的目的而设计的。

香港特别行政区政府总部
图片提供：许李严建筑师事务有限公司

ADMIRALTY CENTRE

但是建筑师如何将不久的将来的变化加以考虑?
我们只能为了当下而设计；为了现在好好设计。其余的都是今后其他人的责任，未来其他建筑师会尽他们所能重新探索建筑功能的。

所以我们可以忽略建筑的未来，只把注意力集中在现在?
是的。

新地域主义

为了了解中国建筑的实质，也许不应该把注意力集中在城市，因为中国很多有意思的项目都建在农村，而不是城市里。在这些村子里，存在一种使用本地材料和本地建造工艺的原则，这是西方人最感兴趣的。在这里，比如说会用到老旧的石材、木材，用耙子等工具是有道理的，但如果你在城市里复制这种做法就毫无意义，只是作秀而已。

你能更深入地分析一下吗?
可以。因为我们一些中国的同行是真正在创造有意义的建筑的：他们在偏远贫困地区为学校的孩子们建设桥梁，在没有资金支持、没有政府规划基础设施的情况下，他们用非常原始的手工劳动方式来施工，建造出来的桥很粗糙、很原始，给学校的孩子们过河用。类似情况在中国时有发生，跟在北京城里或者上海世博会里面见到的完全不一样。

香港特别行政区政府总部
图片提供：许李严建筑师事务有限公司

香港特别行政区政府总部
摄影：Evan Chakroff

广东省博物馆
图片提供：许李严建筑师事务有限公司

张斌

致正建筑工作室

在中国，要建造是很容易的
这有问题!
共通点

1
2
3
4

要建成一个建筑是很容易的。从最开始直到建成都是很容易的！你只需要给出一个有趣的外形就会得到认可。但真正的问题在于如何方便它的使用者，并且提高人们的生活品质，来脱离所谓“体制”带来的影响。这才是挑战所在。以我的实践来讲，我了解到不管对于国内还是国外建筑师，生成建筑的形式来创造一个物体很容易，但如何做出正确的事情是很有挑战性的。

上海 2013年

张斌

致正建筑工作室作品
图片来源：作者

1
同济大学建筑与城市规划学院C楼
摄影：张嗣烨

2
同济大学中法中心
摄影：张嗣烨

3
安亭镇文体活动中心
图片提供：致正建筑工作室

4
远香湖公园探香阁餐厅
图片提供：致正建筑工作室

和客户的要求有出入

什么样的经验促使你成为一名建筑师?
在我成为建筑师的道路上，教学是很重要的一环。结束了在同济大学的学习之后，我成为了一名教师并且从事了八年的教学工作。在这样一段密集的工作结束之后，我从大学辞职，因为我希望进行建筑实践，并且开办自己的设计工作室。在实践的过程中我边观察边学习。我想要探索建筑与中国社会之间真正的联系：怎样去创造富有意义的建筑，怎么样在这个特殊的时期为我们的社会创造功能性的空间。这是一种很独特的体验——与你在学校所学的截然不同。在权力与资本这两种力量之间存在某种特殊的联系，在它们之间的夹缝里，我们可以做一些很有意思、很实用，也和使用者密切相关的事情。
有的时候你会犹豫，去思索对于建筑师来说什么才是最重要的，以及怎样为我们的社会设计有价值的建筑。创造出有意义的东西对于客户来说并没有那么重要，所以说挑战来自于如何说服客户，让他们理解建筑是需要反映出这些需求的。

在这样的权力影响之下，如何进行设计?
通常情况下在中国我们没有机会为使用者的真正需求去设计建筑；更多时候建筑只是为它的广告效应而存在，是被领导者直接管辖的。所以问题就在于建筑师应该如何去探索，从而去设计有意义的建筑。这对于中国建筑师，以及在中国实践的西方建筑师都是一个挑战。正是因为这样，在我们的实践中，我们想实现的目标和客户的要求会有一些出入。通常我们会将这两者结合，并且说服客户去接受超出原定计划的提案。不管外界怎么看，有时候这个真的可能实现！（笑）这也得益于在中国，前期的建筑计划并不是十分严格。

在中国，要建造是很容易的

当你通过设计去解决中国的城市问题的时候，哪些实际问题需要加以考虑?
在当下的中国，要建成一个建筑是很容易的。从最开始直到建成都是很容易的！你只需要给出一个有趣的外形就会得到认可。但真正的问题在于如何方便它的使用者，并且提高人们的生活品质，来脱离所谓“体制”带来的影响。这才是挑战所在。以我们致正建筑十多年的实践来讲，我了解到不管对于国内还是国外建筑师，生成建筑的形式来创造一个物体很容易，但如何做出正确的事情是很有挑战性的。

这是个很有争议的话题：某种程度上说，建筑师无法随心所欲，但另一方面，建筑师又在创造什么样的形式上有极高的自由度。
对于中国建筑师来说，创造什么形式是很自由的，很容易！但是如果我们讨论住宅建筑，就要考虑到中国才刚刚建立起社会住宅这一系统。住宅开发里面很大一部分是为了推广和销售……所以这不是通常意义上的建筑学问题！（笑）。我认为其他任何国家都不存在类似的情形：在全中国你都能看到相同类型的平面布局，不同的只是立面风格。开发商一直在探讨居住品质，但实际上只是为了多卖一些房子。所以很难去探讨真正的品质；这种品质是不真实的，只是一个幻象，一个虚景。绝大多数综合体设计出自专业性商业设计公司，所作的规划都是短期的；同时又都是大批量生产。这些都是由和我们小型工作室截然不同的大型集团设计的，我们去参与其中的机会非常少。

这有问题！

……从20世纪90年代初起，开发商就一直在转变所有的城市。这种运营方式像是癌症一样一片一片地在城市中蔓延开来。20年前，几乎每个人都有能力去购买一套商品房，但是现在对于年轻人来说，这个价格是无法承受的。对中国的新一代来说，情况非常不容乐观。这有问题！这个问题客观存在，应该一点一点去进行改变，但我们还没有看到改变的开始。

那应该怎么解决这个问题?
这个问题来自于我们的土地使用方式和所有权。农村人口有权在宅基地上进行建设，但是城市人口是不可能拥有一小块土地进行建设的。政府控制着建设用地，只把它们卖给大开发商。

在这种体制里，独立的小型设计工作室可以做什么?
我们现在无法真正参与正在进行的这种大规模生产的土地开发中。

同济大学中法中心
摄影：张嗣烨

那么你怎样利用你所拥有的小机会?
我们拥有的机会并不是住宅项目，而是像商业、文化、办公或者工业建筑……我们确实有一些机会，但大多数都是在郊区，或者是在市中心和郊区之间的地方。这里的建筑文脉是很奇怪的，没有清晰的定义。整个环境很可能在一两年之内发生变化。在项目初期你所见到的东西也许会在项目完成后消失。所以我们的目的并不是去遵从我们从学校或者从欧洲以及其他国家所学到的那种传统的建筑设计手法。在中国另外一个问题是，即使建筑师能够有机会设计好建筑，在投入使用之后也很可能很快发生一些改变，影响到建筑的外观或者其运营。建筑师可以选择回避这些现实问题，但是当建筑真正面对使用人群的时候，会发生改变，而多数情况下是变差了。那你怎么能保证建筑师在这种文脉之中探索出一种高水准的应对手段？我个人努力在传统的建筑品质、常见的简洁建筑设计手法上做文章，并且也会试着寻求都市品质以及对于社会问题的考量之间的平衡。

那现在最应该做的是什么?
我们必须去面对现实，和政府合作，但同时建筑师有责任去说服他们，抛开单纯的外形追求，去做一些对城市和人们真正有用的东西。这是我们的责任。中国建筑师，或者说在中国实践的建筑师们，都应该学着去处理这种现状。

共通点

中国的这种特有的实践经验可以为世界建筑带来什么?
在这一代中国建筑师身上，我们看不到共通点，共通的文化，或者共通的经验。每个人的经验都是各自独立的。我们还处在探索共同理念的初期阶段，而现在所有的注意力都在如何解决过去二三十年建筑大生产带来的问题上。如果我们与20世纪60年代的日本作比较，他们有新陈代谢主义，这是日本建筑经验为世界作出的独特贡献。在中国我们无法像那时候的日本一样进行一个乌托邦式的辩论，因为这个世界已经变了！（笑）我认为乌托邦式的讨论对中国的现状没有用处。

不同两者之间

当我看到同济中法中心的时候，不禁联想到地中海风格的建筑：对于材料的运用、纯粹的形体，被国际化视角所认可、所推崇的建筑。这是一个可以与不同周边环境共存的建筑。
几年前我遇到几个国外建筑师。他们看到中法中心时候告诉我说这个建筑有种很特别的品质。我问他们为什么？他们回答说这个设计展现出的思考方式和西方设计很像。在中法中心里有两个不同的系统交织在一起。在这个项目中校方想要展示出我们与欧洲国家的关系不同于其他的大学。
这个建筑只有一个草拟的要求：他们只给了我一个面积指标和预算，让我自己去想办法处理这个地块。所以问题的关键在于如何在一个建筑里表达这种两个国家、两种文化、两个视角的关系。我觉得，这个设计中一直存在着双方之间的张力。那么挑战就在于如何处理这两个国家之间的不同，使这种张力达到平衡。我试着去创造一种结构，可以容纳各种不同的角度和类型。我认为这是一种典型的建筑学技巧……我的意思是因为这种建筑手法本身就是一种从国外传来的东西。

建筑物不是建筑

……如果谈论建筑的话，建筑是个欧洲的概念；不是中国的概念。在中国，最初我们就是没有建筑这个概念的，我们有建筑物，我们有空间但是没有建筑！（笑）

中国有着很久的建造历史，为什么不把古代的建筑物当作建筑来看待?
这是不一样的。在西方或者欧洲的建筑学由两个部分构成：一部分是和日常生活息息相关的，另一部分则是关于知识或者文化的讨论。会探讨什么属于这个学科，什么不属于这个学科。但这并不是一个典型的中国概念；在中国我们没有室内外的隔阂。在中国思维里，我们不从建筑学的角度去考虑美学、环境，以及人们所居住的空间，这是不一样的。年轻一代建筑师对这一概念的理解慢慢消失了，因为他们所学的都是最典型的西方建筑学模式。最大的问题在于：有着我们这样背景的建筑师，如何在这种院校中学习，或者从欧洲学习，又如何运用所学的知识去真正为人们考虑，为真正的现状考虑？

一个项目接一个项目，一个一个地，尽力去做得更好

同济大学浙江学院图书馆
摄影：苏圣亮

在我们讨论了这么多问题，这么多建筑师各自不同的手法之后，你是否觉得中国和中国建筑需要创造一个宣言？

我认为在当今状况下我们没有类似的机会。我并不十分乐观。也许在十年之前我认为新一代中国建筑师能够真正创造一些很有意思的、有普世价值的事，就像日本建筑师通过他们的实践所获得的成就一样，但现在，经过了十年，我不再觉得这是有可能的了。

为什么不可能？

因为所有的共通点，我们都是和这个体制、和中国的建筑大批量生产共享的。这里有太多问题，尚未作出任何改变，我们也没有能力去改变，我们只是用一种专业的方式，而不是从文化或者批判的角度去回应这种需求。

什么时候才会发生改变？

不清楚，我们需要等待。我能做的只是一个项目接一个项目，一个一个地，尽力去做得更好。如果有人去讨论共同价值观，我认为那都是假的。因为如果你想要讨论这个，你就应该有能力去创造某种力量来改变这个体制。如果只是在这个体制下生存，又如何去讨论怎样创造出不同的意义？

同济大学建筑与城市规划学院C楼
摄影：张嗣烨

同济大学建筑与城市规划学院C楼
摄影：作者，2013年

同济大学建筑与城市规划学院C楼
摄影：张嗣烨

张雷

张雷联合建筑事务所

清晰理性的方式
“无家可归”
小尺度的激发点

对话张雷
摄影：Edoardo Giancola

1
2
3
4
5
6
7

我们必须尝试处理尺度与记忆。我认为在最近的20年里，主要问题是归宿感的缺失。人们不断地从一个房子搬到另一个房子，这就造成了我们失去了“家”的感觉……即使你住在一个很好的房子，甚至别墅里面，你也不会把它当成一个理想的永久居住地。这就是问题所在。在十几年前，我们还是有这种感觉的，从属于某个特定空间的感受。过去来自不同社会背景的人们，住在有社区感的邻里之间，而现在社区不存在了，你也不认识你的邻居了。现在的中国人变得愈发孤独，正在失去归宿感，变得无“家”可归。

南京 2013年

张雷

张雷作品
图片来源：作者

1
中国国际建筑艺术实践展4号住宅
图片提供：张雷联合建筑事务所

2
混凝土缝之宅
摄影：Nacasa & Partners

3
新四军江南指挥部展览馆
摄影：吕衡中，贾方

4
郑东新区城市规划展览馆
摄影：姚力

5
国家遗传工程小鼠资源库办公与实验楼
图片提供：张雷联合建筑事务所

6
诗人住宅
摄影：Nacasa & Partners

7
北辰长沙三角洲项目展示中心
摄影：姚力

清晰理性的方式

当你在瑞士完成了学业之后，回到中国开始工作是怎样的感觉，如何将你的概念转化为实际的建筑设计？
我们始于2002年；最早期的一个设计，是南京大学研究中心。从一开始我就有一个很清晰的概念：我希望诠释一个现代、当代的空间品质。我尽一切可能去回避传统或者文化的概念。所以这个设计就是纯粹地结合了功能和空间，没有出现任何与传统材料或者造型相关的东西。为了支持这个理念，我使用了尽量简洁的建筑语汇……这个研究中心是我作为一个建筑师表达自我的第一个作品。在我们事务所不会过多地像很多其他中国同行那样去讨论传统的问题。

在21世纪开始的时候，这种手法和你的同辈建筑师所采用的非常不同，他们更多地引领了关于“中国性”的讨论和中国身份定义的研究。
没错，如果我们回头去看，我们和那个时代格格不入。当时这个设计是最早的只关注空间的中国建筑师作品之一。只有很少其他几个项目以这样清晰理性的方式探讨空间问题……对于我来说，这是我设计的出发点，也是塑造我设计生涯的基础。

2007年的南京缝之宅是一个整合了空间、环境和结构的设计。这么多重的考虑是如何体现在这么小尺度的建筑里的？
这个建筑是这片区域里唯一一个真正看起来是新建筑的新建筑！（笑）与城市中的其他项目相比，这个项目情况很特别。为了实现这个项目，我们必须处理很多问题，需要将结构、环境和空间等因素结合起来。这片区域里很难做一个全新的建筑，新建筑必须模仿传统建筑外形。这股风潮始于20世纪初，现在已经成为南京的标志，我们称之为民国风——不是中国本土建筑，而是租界时期的西方别墅风格。这种设计方式不同于传统的东方建筑，而是多层、不带庭院的建筑。这些建筑与本地传统矛盾地并存着，它们能轻松符合当今的城市规划规范，甚至包括对红线的退让。对于我们来说，这个设计的挑战是用当代的建筑语汇创造出和周边建筑的联系。

在一个设计中，你是如何在满足严格的规范与官方品位的前提下获得平衡，同时兼顾试验性的？
在与客户最初的几次探讨中，我们一直在强调和周边区域的联系。所以在效果图中，我们给规划局展示的建筑立面是砖砌的，不是混凝土。我们解释说要用和周围建筑相同的砖材，从而使我们的建筑融为一体……我们是这样才通过审核的。之后我们采用了更广阔的视角去看待：在20世纪初期周边区域开始建设的时候，砖是最主要、最基本的建筑材料。但现在如果我们要用砖，多半会将它作为饰面材料，附在立面之上，而不是真正的结构……所以在第二阶段我换了材料，改用混凝土。在中国，混凝土多用于快速粗糙的建设。通常来说你没有足够的时间、经费和精细程度来建出像安藤忠雄的作品一样精美的建筑。我们必须直面真实现状，很短的工期、很低的预算，这就是现实。也就是说，这里的情况不允许建筑师去尝试建造出很优雅精致的混凝土建筑。这个设计的挑战就在于与通常做法背道而驰，展现材料自身的品质和优势。所以我们做了很多实验，我们直接在工地的墙面上用1:1的实际模型去研究混凝土表面的肌理和纹样。我们不断尝试，直至达到预期的效果：就是砖的韵律，通过它可以唤起当代建筑和传统环境之间的联系。在中国绝大多数情况下，施工现场都是最难处理的环节，管理、工人的技术水平、施工机械的种类、材料的使用等都会很大程度影响建造的完成结果。在这个设计中，我们很幸运地解决了绝大部分问题，因为我们从混凝土表面处理的次生结果中，找到了一种降低不完美施工可见度的完美解决方案，最后的结果就看起来是一种很纯净、很精致的状态。

精神层面的中心

和你其他的建筑实践相比，缝之宅是个很小很特别的建筑。
是的，考虑到它的尺度、历史背景和文脉的话，这是个很吸引人的设计。你看这个模型，会发现这个房子裂开了，一分为二，之后再次分开，两部分之间有半层高差。裂缝是和楼梯间结合起来的，由上至下。光从上面的天空洒下来，穿过这道缝。所有的光都是从正上方直射下来。在中国很有意思的是，每个房子精神层面的中心都是它的庭院。从这里去观察外面的世界：天、地、自然……以及天国。可能在过去的西方国家，这个精神层面的中心是壁炉，全家人聚在周围。在中国，直到现在，这个中心还一直是庭院。这样一来，每一座房子都应当建立起人与外部世界的联系。在这块地上我们没法造一个带院子的住宅，没有中心，那么就要创造一个。所以这道缝就是中心，是这个房子的精神力量中心。在这道缝里，你可以沿着楼梯上下，

中国国际建筑艺术实践展4号住宅，立面与内部框架勾勒出的风景
摄影：姚力

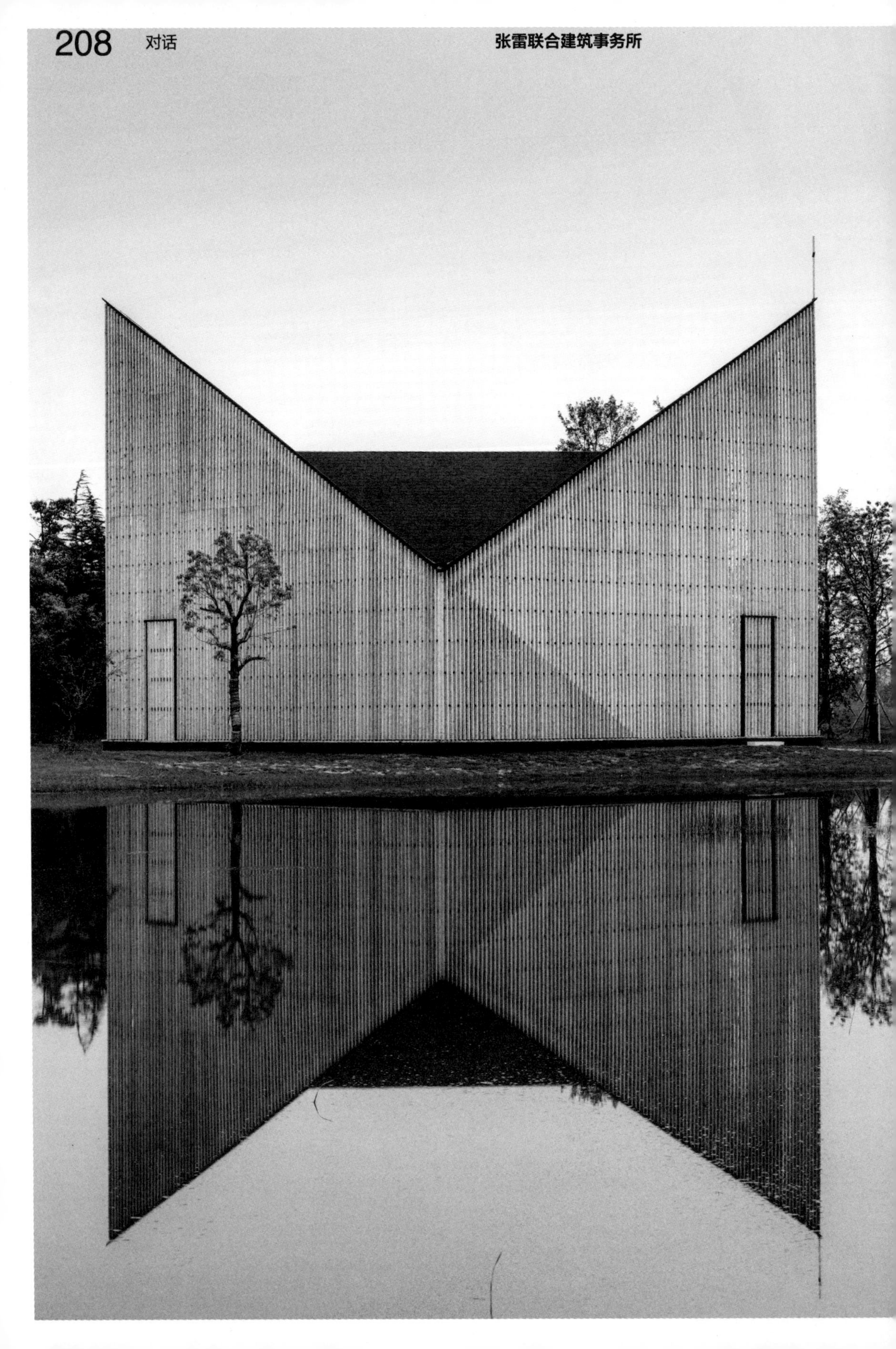

你会感觉到通过视线与外部相连。

公众可达性

在城市肌理得以延续下来的市中心作设计，与在市外、郊区或者新区作设计有什么不同?
设计的方向非常不同，但是手法是差不多的。在不同的情况下你也许会面对不同的密度和文脉。如果是在城市里面，设计的策略应该不仅是去设计建筑本身，而且应该让它对周边场所和人们带来积极活力的影响。通常来讲在我们的城市里，公共建筑里面没有公共空间。这才是问题。你称之为“公共建筑”，但它们其实不是为公众设计的。在每一个中国城市里，重要建筑基本都是纪念性的。缺乏公众可达性，它们是封闭的、纪念性的，一般人不能进去，甚至人们都不能接近它，或者说他们不愿意去接近它。原因之一是它们缺乏宜人的尺度，不是为了满足人的使用而建造的。它们唯一的作用是用来远观。在中国城市设计是个很重要的议题，因为中国的迅猛发展全部建立在城市更新的基础之上，所以整个中国政府部门就像是个大开发商。他们靠城市的土地大量赚钱，之后进一步推进城市发展，但是他们建造的这些城市设施都不是为了给人使用的，而是为了展示它们的存在，为了展示政府的权力。怎样设计出服务于公众的建筑，确保公众可达性，是一个我们需要处理的社会需求。

“无家可归”

致力于建造国家形象的建筑师和专家们，应该向什么样的目标努力?建筑院校应该向年轻的学生传授怎样的职业道德?
中国的飞速发展和“城市革新”带来了很多我们从未面临的问题和需求，为了满足这些需求，我们必须观察我们的城市，从实践中学习。大学的教育应该与这种现实相结合。当然，我们应该更多地研究现实情况，而不是盲目地重复西方的语汇和形式。我们的教育应该关注更多的社会议题，解决社会问题，找出城市和社会的问题所在。如果我们不仅仅把注意力集中在外观和造型上，关注它们应该是仿古还是现代，那么最终成果一定会更有意义。
对我来讲，好的建筑一定是积极的，它应该可以创造出一个人们喜欢逗留的场所，能举办更多活动，来享受空间的乐趣。我们在杂志上能看到各种建筑形式，但这些建筑和人没有丝毫联系。有人说这些代表着当代的中国建筑，但实际上，它们只是表达了一些符号性。

在你的实践中，你可以怎样对这个体系产生积极影响?
我们必须尝试处理尺度与记忆。我认为在最近的20年里，主要问题是归宿感的缺失。人们不断地从一个房子搬到另一个房子，这就造成了我们失去了“家”的感觉……即使你住在一个很好的房子，甚至别墅里面，你也不会把它当成一个理想的永久居住地。这就是问题所在。在十几年前，我们还是有这种感觉的，从属于某个特定空间的感受。过去来自不同社会背景的人们，住在有社区感的邻里之间，而现在社区不存在了，你也不认识你的邻居了。现在的中国人变得愈发孤独，正在失去归宿感，变得无“家”可归。
在我们的设计中，总是尝试使用特殊的材料，运用宜人的城市和建筑尺度。也就是说我们可以通过基本空间构成去重现我们的记忆；我们可以创造出在邻里之间产生联系的空间。这样我们就建立起一种让人重新找回归宿感的社会关系。我们城市中心的传统肌理每天都遭到破坏，损失了很多文化，再也找不回来了。政府从一开始就像是个开发商，他们更关心GDP的增长，创造更多盈利。但是慢慢地事情也在向好的方面发展，因为他们意识到以前的做法不可持续。所以如果我们有机会在城市里保护历史街区，我是很愿意做的，但事实情况并非如此。如果我们受邀在这些区域进行大尺度项目设计，我们会敦促开发商去进行保护，有时候是可以实现的。另一方面，如果一片区域已经被拆除，而我们必须新建项目，我们依然要记得以前的社会背景和邻里关系。比如说，我们可以设计小尺度的街道，适宜人体尺度的环境，创造能够传承历史的空间，去感受记忆。这些是我们可以做的：从某种角度上，将原本存在的环境遗产作为新建筑设计的基础。

小尺度的激发点

作为局外人观察中国现状，探索新的启发性建筑设计手法的时候，更多地应该关注些什么?
在西方城市，你们有一个很成熟的系统，很严谨的城市结构，所以你们无法像在中

南京河西万景园教堂
摄影：姚力

国一样作出很多改变。如果你观察我们的城市，我们改变了很多，但是去做真正好东西的机会少之又少，当然这里有很多原因……我们作为建筑师唯一的机会就是小尺度的设计，去做一些特别的东西。同理，我觉得你也可以从这里的现状中学到，如何尝试去作出改变，从而创造一些小尺度的激发点……像针灸一样，你不能在整个身体上做文章，就像你不能改变整个城市一样，但是你可以在小的点上有所作为，之后使得整体变得更好。这是可以改变很多的。

混凝土缝之宅
透过缝中看向外界以及其竖向的视觉连接，以及全景图
摄影：Nacasa & Partners

南京河西万景园教堂
摄影：姚力

刘宇扬

刘宇扬建筑事务所

实现他们的梦想、他们的乌托邦理想
建筑师不可避免地要去创造文脉
对世界性文化作出贡献

对话刘宇扬
摄影：Edoardo Giancola

刘宇扬建筑事务所
图片来源：作者

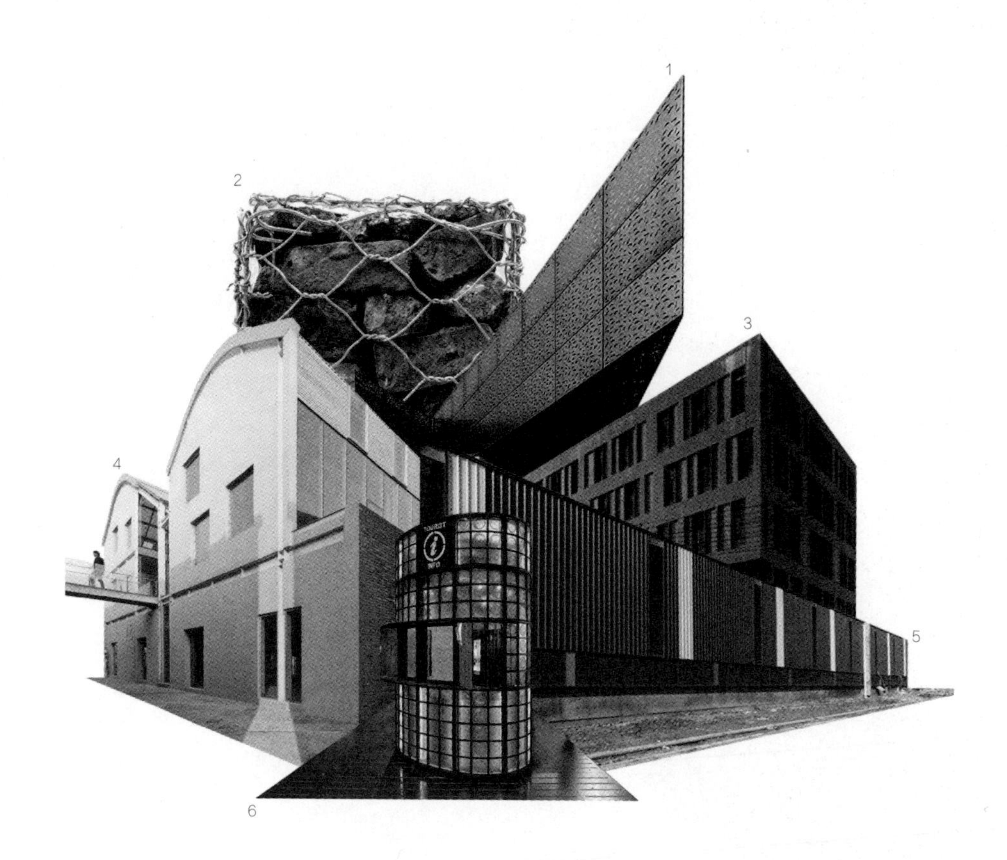

现在的城市化进程，很多时候是在农田或者荒地上建成的。建筑师不可避免地要去创造文脉，没有别的办法，你无法指望周围的环境给你提供文脉，因为没有任何参考。你所创造的文脉才是最重要的。我认为我们面临的问题都是由于不考虑文脉的建筑师造成的，他们不清楚他们正在创造文脉。

上海 2013年

刘宇扬

刘宇扬作品
图片来源：作者

1
陈家山公园茶室改造
摄影：Jeremy San

2
滨江爱特公园
图片提供：刘宇扬建筑事务所

3
东莞玩具工厂
图片提供：刘宇扬建筑事务所

4
北京西店文创小镇
图片提供：刘宇扬建筑事务所

5
东莞玩具仓库
图片提供：刘宇扬建筑事务所

6
上海南京路步行街行人服务亭
摄影：Jeremy San

实现他们的梦想、他们的乌托邦理想

如果观察一张上海地图，会产生这样的疑问：为什么要建造卫星城，而不是增加城市的密度？如果我们用数据作比较，就会发现上海比起米兰等城市密度要低。为什么会选择扩张而不选择提高密度？
这有几个不同的原因。首先，上海不是一个欧洲那种意义上的城市。比如现在上海的面积大约有6000平方公里，人口有两千多万。上海的周边地区直到1949年还是农田，但是1949年之后倡导的上山下乡运动，鼓励人们到农村去，但同时也有很多人从农村或者其他二线城市来到上海，他们并不是到市中心，而是在不同的郊区定居下来。这就像卫星城的雏形，随着外部移民的进入，也开始了共产主义初级阶段。比如说他们在嘉定新区开展科研，设立了一些研发中心，那里大多数人都不是上海的。所以他们就设立了一个类似于卫星城的研究区。20世纪80年代经济发展起来的时候，不是上海，而是深圳被选中成为自由经济特区。所以上海就落后了，某种意义上说这是有意而为的。所以这个城市自身并没有扩张，直到90年代中期基本都保持原样。然后在90年代，浦东被选为新区进行发展。浦东曾经是郊区，全都是农田，但是在那里更容易获取土地，在中国，城市的开发都是野心勃勃地去开发一片空地，基本上就是因为设想一个全新的城市更容易一些。所以我觉得中国政府在意识形态上是倾向于选择一个全新的地方，或者农田，以便更清晰地展望未来的景象，去实现他们的梦想、他们的乌托邦理想。地价一直都是个问题。人们当然愿意生活在市中心，所以地价大幅上涨，就比较难办了。如果政府想拿一块地，就要补偿这里现有的居民。和新城相比，为了取得相同面积的土地他们要付出的更多。另外我认为政府也在有意识地发展新区经济，这样可以避免出现仅仅作为近郊居住区（bedroom community）的情况。他们也会建立一个新城，进行投资，创立CBD，但多数情况下并不成功。但也可以建立一个次级城市中心，建设一些公共建筑，本意是努力提升公共综合价值，而不仅是个商业中心。“一城九镇”就是上一波这类郊区开发形式的代表。首要问题就是为什么要开发它们？这就是前面提到的种种努力的结果。在大约十年前，上海政府有了开发主题城镇的想法，想把这九个镇建设为法式、英式、美式或者德式等不同主题。

为什么要强调从国外引入中国的概念？
那时候上海的发展与深圳或者北京比起来，是比较缓慢的，迎头赶上的意愿十分迫切。同时，上海人一直为自己的城市感到骄傲，但是多年以来，这个城市的发展被抑制了。所以当开放之后，突然之间它们不仅想要超越深圳这样的城市，而且想向欧洲或者美国城市看齐。这就是上海看待自己的方式，它应该与伦敦或者巴黎这些顶级都市处于同一水平线上。所以声称要建立主题城镇就简单方便多了，像是打开了世界之窗，或者说是把整个世界都引入我们的郊区。我认为这才是这个项目的理念。之后基本上都建成了，但是人们也开始不断抨击它。

多年来都没有良好的投资渠道

两年前我去过那里，他们仍然在尝试不同的色彩选择，人行道上还长着荒草。那里还是完全闲置的；为什么这些中心，尤其是主题城镇的中心还是空置的？
情况确实是这样，但这其实不是设计风格的问题。这是为了迎合整个经济市场，比如用房地产市场举例，看起来大多数都售罄了，但全都是投资性质的。大家还是愿意住在市中心，因为离工作近。那些都是投资性质的房产，所以就被闲置，而且房价还持续上涨，所以他们并不担心。

所以说那不是个适宜生活的城镇，而只是投资和资金。
没错，但有意思的是几年之后，在有些地方，你也能见到人了。这点很有意思，让政府说“要在这里建设学校，建设医院，建设购物中心”确实是需要时间和努力的，然后最重要的就是地铁。比如我这里提到的新城，有两条地铁，一条是世博会期间开通的，另一条去年开通的。然后短短一年之内就就有人搬进来，商铺也逐渐开张。这都是因为地铁的开通。到市区的路程缩短到一小时之内，跟欧洲或者美国任何一个城市都差不多。就这样开始改变了，对吧？这是政府主导的一个样板工程，所以虽然你看到的那两条建好的路，或者比如这个德式街区，只有不到一平方公里，只是用来作示范，而真正整个区域有好几百平方公里。所以说这一平方公里的德式街区是做示范用的，周围还有很多房地产，有的还做得更好。而且价格也持续走高，从账面上来看是增值了，所以现在买房的人或者是已经买了的人也不会有意见。当然房地产市场存在着巨大的泡沫。这是个财政和经济的问题，因为我们需要理解资金的来源。中国多年以来都没有良好的投资渠道，所以过去30年里人们

当代艺术博物馆
摄影：Jeremy San

唯一的选择就是投资房地产和城市开发。开发商可以从中操作，他们可以拿到地之后抵押给银行进行贷款。有时候开发商也和市政府，甚至区政府合作，担当半个开发商的角色……所以这种体系很复杂。政府出售土地，获得收入，他们和开发商合资，然后从中盈利。

现在人们不再关心风格

……风格，只是因为有些人需要个噱头。那时候大家的品位还是有点俗，所以他们需要一个故事，让大家喜欢，也让决策者觉得好听。对于从世界各地选取的不同主题，他们会说："我们是世界公民，所以我们当然可以这么弄了。"但如果你现在再问这个问题，普通市民、建筑师、政府工作人员都不再有这种想法了。另一个近期非常重要的概念是上海的自由贸易区。这会是一个开创性的政策，在自贸区里面可以成立外资公司，可以进行很多商业活动，所以这又是一个经济问题。国外银行进驻，可以直接和中国客户进行交易。

像是殖民时期租界的新形式。
是的，这个经济特区像是当代的租界，政府在这里尝试新的政策之类的。这是个很高级别的经济实验，但其中包含了城市的革新这一层面。政府很想借此刺激中国的经济增长，因为中国其实也面临着很严峻的经济问题。像你说的，有很多房子建成之后就空置着，没有人住，总有一天人们会停止购买。所以政府必须寻找刺激经济的新方法，这个就是政府最依赖的新策略之一。现在人们不再关心风格了，不再关心法式、英式，或者意式风格，而是关心更深层的东西。政府也知道要让这些区域成功运作起来，他们需要提升建筑的品质，也需要引入公众项目，才能让人们最终愿意生活在这里。政府也会聘请景观建筑师来负责所有的景观、铺地、标识设计。就像是一般在欧洲或者美国城市，会去真正设计所有这一切，是个系统的设计，而不只是标志性建筑。所以现在政府知道什么是正确的方向了，这才是实质，对吧?

对于一个想设计真正好的建筑，而不只是投资性建筑的建筑师来说，现在是一个很好的机会。但是如果想要参观这些所谓"好的中国建筑"，必须要跑到离城市很远的地方，在城市里面很难见到年轻一代建筑师的作品。
所以说现在只是年轻一代的开始。我觉得这个始于五六年前的青浦，很多现在你在上海见到的年轻建筑师都是从青浦起步的。现在设计公司在发展，经验在累积，这一区域的项目也越来越好了。这也给了解上海提供了一个很好的基础。

在我参观青浦的时候，很多本应向公众开放的公共建筑都被栅栏围起来了，并不开放。这是为什么?
这是政府管理的结果。规划部门或者新城开发商很善于建造，但是建成之后的管理却是另一回事了。谁来运营这个建筑呢? 周边也没有居民来保证足够的活动。

建筑师不可避免地要去创造文脉

我们看到很多的新城、新区在空地上拔地而起。在中国当代城市中，我们应该如何面对文脉的缺失? 怎样面对零文脉?
这是一个很难但是又真实存在的问题。我们应该把它看作中国当代，或者说眼下所面临的挑战。现在的城市化进程，很多时候是在农田或者荒地上建成的。建筑师不可避免地要去创造文脉，没有别的办法，你无法指望周围的环境给你提供文脉，因为没有任何参考。你所创造的文脉才是最重要的。我认为我们面临的问题都是由于不考虑文脉的建筑师造成的，他们不清楚他们正在创造文脉。他们只考虑建筑本身，要做最标志性、最显眼的建筑，但是这样的建筑并不能创造文脉，或者说他们创造出了一种非常糟糕的文脉。而很多其他建筑，包括一些我们正在进行的项目，我们的设计策略是有意地进行创造，来展开一个更精致的脉络，更小的尺度。建筑有更多不同体量和空间的糅合，它们就不会看上去像是很大的物体栽在空地上。这就可以创造更多室内空间和小尺度公共空间、开放空间。这也是很多我的同事、建筑师朋友、本地建筑师正在做的。这些建筑开始从材料、从如何促进跟街道的联系等方面慢慢展开对话。
所以最后在这一平方公里里面我们会有十来个公共建筑。它们会创造某种关联，创造一个小的公共街区，而它最终会演变成城市空间的核心，其他东西也可以填补进来。你必须要拿出想法，文脉也是随着时间形成的，它不只是一个物理空间，也关乎时间。

当代艺术博物馆
摄影：Jeremy San

你是如何考虑建筑的生命周期的？比如你在设计中是否会考虑这个建筑是要存在一年、两年、十年还是上百年？
我觉得这里有两种实际情况：第一种很简单，建筑因为维护不周或者房地产开发很快要拆除并重建。另一种情形，要谈到在2008年我与马达思班主持建筑师马清运联合策展时的经历。我们当时在策划深圳双年展，主题叫做“城市再生”，有一个议题是我们不应该再把建筑当作永久物体来看待，而应该把它当作是有保存期限的，它们会过期。如果你在设计时候考虑到保存期限，那在设计上就会更加开放和自由，对吧？你会预期建筑的寿命是10年或者20年，之后会被重建或者拆除、改建。所以这个对我来说更是一个概念，把它当成一种可能的工作模型。

那么你在设计空间或者材料的时候会有什么改变吗？
我的方式并不是使用廉价的材料，还是要使用适宜的材料，金属和玻璃之类。但我的手法是在给定的模数下尽量灵活变动。所以我尽量把每部分都设计成可变的，在立面上，在内部构造或者可插拔构件上下功夫。我的想法是，如果你把这些都设计成像插件一样的零件，就可以真正保留基础和框架，而客户和使用者可以来把零件拆下来，按自己意愿重建。这样就成了可变的物体，你不用把它扔了然后重新建一个。

对世界性文化作出贡献

从中国过去二三十年内产生的一切：房地产泡沫、新建筑类型中，西方可以汲取什么样的经验？
我们能提供的是如何处理尺度和密度。我认为这是中国从它的大量人口和城市化进程中继承下来的。大量的人口，需要大量的空间生活、工作、学习，对吧？中国的问题不是像上海这种某个特定城市的密度问题，而是整个国家的密度。是有很多空地，但也有很多不空的地方，它们已经不能算是自然了，而是一个较初级的城市化进程。所以我们怎么去处理这种普遍性的问题？我们必须要去面对全球化这个客观条件，当然在工作中我们也会尊重和回应本地文化，但是为了解决更宏观的问题我们需要更多普遍性的方案。我认为尽管在过去的30年中，中国的城市化出现了很多的问题，但是我们也在从这些问题中反思。同时我们也在创造一种都市性的解决方案，所以当我们把所有线索都综合起来，看看问题是否已经得以解决，比如环境问题、在空地上创造文脉的问题，还有如何创造有趣的建筑。我是说，作为建筑师，我们仍然会对能让你尽情畅想的建筑抱有兴趣，希望建筑能刺激我们的想象力，甚至我们下一代的想象力。所以我认为所有这一切共同创造了不同策略、不同思维方式的融合。我也很欣赏很多国外建筑师来到中国做东西，因为他们会带来不同的风格。这会促进引入国际人才，并对当地的问题作出不同回应，对吧？外面的人会进来，然后尽可能留在这里，他们会建造出对当地来说独一无二的建筑。所以我认为这是一种贡献的方式：创造出独特而真实的东西。不管你从哪里来，不管你的背景怎样，最重要的是如何针对当地的情况作出回应。我认为这也是个很重要的贡献，并不只是说你可以教给欧洲或者美国什么，而是怎样对世界性文化作出贡献。总之建筑是一种文化产物，我看待建筑的种种发展时，并不仅仅把它们当作房地产，而是一种文化产物。

陈家山公园茶室改造
摄影：Jeremy San

中国建筑现状

中国建筑现状

跟世界上一些注册建筑师过剩的国家相比，中国的注册建筑师数量非常少。即便如此，在几十年里他们成功地建起了比其他任何地区都更多的建筑，从根本上改变了国家的形象，也革新了城市原有的历史肌理，将其转变为一个当代充满摩天大厦的都市形象。

在中国，注册建筑师和人口的比例为1:40000，如果我们跟欧洲1:1500这个数据作比较，显得十分惊人。对比最明显的是意大利，这个数值达到了100倍，也就是说每400个人里面就有一个注册建筑师。[1 2]

不仅仅是建筑师的数量使中国和世界上其他国家产生了巨大的差距，更重要的是他们比其他所有建筑师的建设总量都更高这一事实。中国消耗了占世界总量50%的水泥，[3]用于建设占世界建筑总量二分之一的建筑。

产量十分巨大，但相反的是，收入却很有限。跟他们在西方的同行相比，中国建筑师的效率明显高得多：中国建筑师占世界建筑师总量的1%，[4]收入为世界平均水平的15%，平均设计费只有工程总预算的1%~3%。[5]

总而言之，世界上1%的建筑师必须拿着平均水平15%

1
La Professione in Italia nel 2013,
CSAPPC third survey, Cresme,
Professione Architetto website,
2013

2
Koolhaas, Rem, Stefano Boeri,
Sandorf Kwinter, Nadia Tzai and
Hans Ulrich Obrist
Mutations
Bordeaux: Actar, 2001

3
4.8 metric tons, World
Statista.com, 2017

1,750 kg of cement per capita,
China
Statista.com, 2017

1.4 Billion People, China
worldometers.info, 2017

住宅楼外立面的重复，上海
摄影：作者，2013年

下页：
北京、上海、成都、重庆、深圳、西安各种建筑立面的重复
摄影：作者，2013年

更高效
旧体系过时之时
当下的争议

的设计费，去设计50%的建筑。在这种极端的状况下，每个中国建筑师都必须去应对、去设计、去建造，这构建起了研究中国建筑现状的理论框架。

而现在的情况十分微妙。社会的变革需要被理解，新的价值观要得以体现，还要提供新的服务设施。那么这些宏观大数据又如何影响着建筑？没有足够的时间去思考，又会给项目带来怎样的后果？这些不同的机遇意味着更丰硕的成果，还是更多可能性的流失？应该鼓励试验，还是去重复？品质重要还是性价比重要？选新颖还是选传统？

在“二战”之后的欧洲，当时老旧的政府系统崩溃，传统的想法已经不能适应新社会，建筑师们需要进行快速的大规模建设，同时也需要传达新的价值观。经历这个重建阶段的欧洲建筑师们也曾经问过自己这些同样卓越而前所未有的问题。他们不单单建设，也进行各种试验性探索和理论研究，最终建立起之后60年建筑行业的根基。其中产生了很多经典的建筑理论专著，在带来痛苦的挣扎的同时，也极大程度上推动了西方建筑的进程。

4
Over 3.6 Million Architects worldwide
linkedin.com, 2015
Ministry of Housing and Urban-Rural Development of the People’s Republic of China
mohurd.gov.cn, 2018

5
5% to 20% in Western Countries
HomeAdvisor.com, 2018
ArchitecturalFees.com, 2018

1% to 3% in China
Author survey, 2014-2017
Koolhaas, *Mutations,* Actar, 2001

“城市崛起”
在城市历史中心建起的住宅综合楼更充满活力
摄影：作者, 2013年

“中国建筑现状”
数据来源：CementAmericas, 2008; Mutation ACTAR, 2001; 世界银行, 2011.
来源：第十四届威尼斯建筑双年展*基本法则*，*中国现状*一展，2014年
图片来源：作者

建筑师数量
1%

世界注册建筑师总量：360万
数据来源：'Over 3.6 Million Architects worldwide'
linkedin.com, 2015

中国注册建筑师总量：27,252
数据来源：中华人民共和国住房和城乡建设部网站
mohurd.gov.cn, 2018

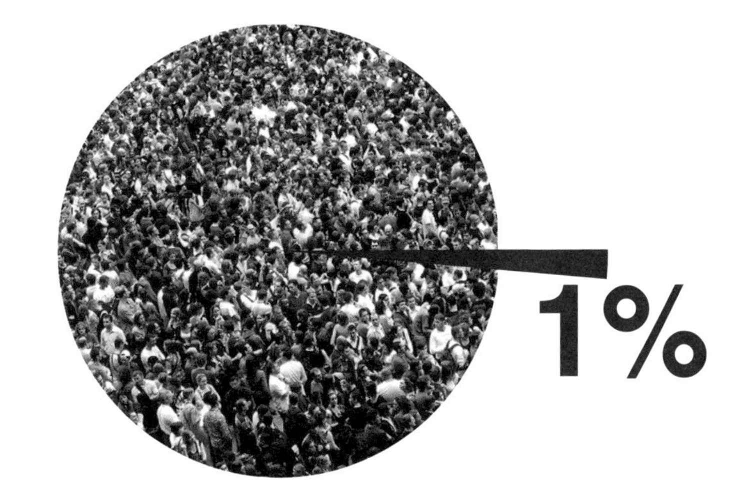

收入
15%

西方建筑师收入占建设工程总额的5%~20%
数据来源：How Much Does It Cost To Hire An Architect?
HomeAdvisor.com, 2018
ArchitecturalFees.com, 2018

中国建筑师收入占建设工程总额的1%~3%
数据来源：作者调查，2014-2018
Koolhaas, Rem, Stefano Boeri, Sandorf Kwinter, Nadia Tzai and Hans Ulrich Obrist
Mutations
Bordeaux: Actar, 2001

水泥用量
50%

世界总量：48亿吨
数据来源：Statista.com, 2017

中国人均：1,750公斤
数据来源：Statista.com, 2017

中国人口：14亿
数据来源：worldometers.info, 2017

“基建的崛起”
铁路旁边在建的城市基础设施，成都
拍摄：作者，2013年

在建的住宅楼，西安
摄影：作者，2013年

山西刀削

出现在全新房地产小区住宅楼底商的
仿真店面，西安
摄影：作者，2013年

刘家琨

家琨建筑设计事务所

“低技策略”
天人合一
得益于自发性

1
2
3
4
5
6

有些自发性，或者是没有被建筑理论、学院的教育所束缚的那一部分，实际上是我设计的灵感来源。这是和思维结构的工作方式有关的，并不是从学院的、建筑的知识系统里边来的。很多时候其实是针对问题本身来寻求它的解决办法。

成都 2013年

家琨

刘家琨作品
图片来源：作者

1
西来古镇榕树片区沿河增建
图片提供：家琨建筑设计事务所

2
四川美术学院设计艺术馆
图片提供：家琨建筑设计事务所

3
罗中立工作室
图片提供：家琨建筑设计事务所

4
红色年代章钟印陈列馆
图片提供：家琨建筑设计事务所

5
中国国际建筑艺术实践展客房中心
图片提供：家琨建筑设计事务所

6
成都MOCA当代美术馆
图片提供：家琨建筑设计事务所

洗脑

你只在中国接受过教育，这将你与同辈的有海外背景的建筑师区分开来。你的这种教育背景带来了什么样的利与弊？
其实年轻的时候我也挺羡慕那些去留学的人，倒不是因为他们学到什么了，而是因为那是一种生活状态。到国外去求学，学什么没什么太大关系，但是这个生活状态我是很羡慕的。我也跟很多海归表达过这种想法，对自己生活经历的一种缺失的遗憾。但是他们都和我说，我没有出国是很幸运的，因为他们的思维方式被改变了太多了。他们回国后还要经过几年的洗脑，但是我呢，始终没有变。所以我对中国社会的发展和了解，从未中断，所以我就能比较准确地把握住事情本身和事情背后的推动力。我不需要加入另外的思维或者背景理论，不必以自己在国外学习的时候建立的某种标准来要求自己现在要做的事情。

农民工

你通过鹿野苑石刻博物馆传达出什么信息？在设计这样地处偏远的建筑时你使用的是怎样的策略？
首先，我们将建筑置于林间空地里，没有砍伐任何树木。我们平行地看待露天展览空间、绿色的竹林，以及建筑。换句话说，我们将自然空间和人造空间平等地处理。我想要表达的是建筑和自然的融合、互相渗透的关系。这是个佛像博物馆，在某种程度上我也想要表达佛教那种脱离于世俗生活这种关系。我想表达光线，表达建筑和本地工艺的关系，材料和本地的关系，国际审美趋势和本地工艺的关系。建筑就是本地事物的抽象。

这个建筑有意思的点就在于那种不借助高技术手段的、实用简单的解决方式。在设计中使用这种手法的实际原因是什么？
这是因为施工队伍是当地的农民施工队。中国现在这些建筑其实都是由农民工建成的。很少有长期的、专业的建筑工人，所有工人都是为了某个项目临时招募的农民工。所以这不仅是我一个人的问题，这是整个中国建筑业都面临的问题。你们要研究中国建筑的现状，这就涉及一个比较大的问题……在没有项目的时候，或者是农忙时候，这些建筑工人就还是农民。我们管这个叫“挽起裤腿种田，放下裤腿盖房”。

有人会说在中国并不是所有建筑都是由这些“农民工”盖起来的，因为我们看到很多大型建筑，建造难度很高，或者很复杂，比如说北京的央视大楼。那么这种与低技术的工人之间的矛盾意味着什么？
这个建筑（央视大楼）的承包公司是有一些长期的技术工人的。但是主要的工人还是农民工。还有一个问题：央视大楼这样的建筑等级要比我们平常做的建筑等级高得多，所以才能找到更多的技术工人。另一方面，我们平常做的建筑等级低很多，投资也会低很多。所以更多的是技术工人带领着农民工来建造。

“低技策略”

当我们看你的作品的时候，不由会想起柯布西耶的粗野主义建筑，或者巴西粗野主义建筑，如保罗·门德斯·达·洛查（Paulo Mendes da Rocha）和林娜·博·巴尔第（Lina Bo Bardi）的作品。粗糙的混凝土的运用，体量感雕塑感很强的形状，沿着路径排布建筑的概念。你会觉得你的作品和这些手法有关联吗？
实际是因为这些施工队做不精细（笑）。刚才我已经讲到了这种情况：做不精细！如果我强求他做精细，比如那种高技派，他们做不到，我也是自找麻烦。所以在这种情况下，叫将错就错也可以，我就是尽量争取。更多的时候就是针对他们能做到的工艺来实现我的想法。因为建筑不一定是精细才是好建筑。所以我在早年总结出一个策略，叫做“低技策略”，就是低技术，因为我面对的是没有什么技术的人。但低技策略不等于不能做出高品质的建筑。

这种实用性的材料使用和对“低技策略”的推动，可以让我们更好地了解中国的情况。在低等级建筑中最终完成度也是一个很大的问题，而你的设计方法和其他的同行建筑师很不同，这是不是可以看成是另外一种在中国真正可行的设计方法？
在美学方面，我意识到这种低的技术、低的预算，特别是人工的那种，其实能传达出手的痕迹、劳动的痕迹，这是个很好的表达。虽然技术低，但不那么工业化、机械化，而是和人的手工劳作有更多关系，其实在建筑上是好的表达。但是我们现在在实践中可以发现一种变化。我觉得我们越来越关注表面形式。表面的形式甚至变

成都MOCA当代美术馆，屋顶景观
图片提供：家琨建筑设计事务所

成都MOCA当代美术馆，鸟瞰图
图片提供：家琨建筑设计事务所

成了最首要的关注点，而不是由场地的氛围和建筑的内容所推理出来的结果。太过关注形式会造成特别表面、特别肤浅的风格。

为什么会这样？

也许是由于人们和社会的需求造成的。业主、政府都对我们有不同的诉求。有些人想要通过炫耀来抓人眼球。从2005年开始，“视觉震撼力”这个词开始特别被强调。就是过分地强调表象。再加上来自于媒体的关注，因为媒体总是通过一张照片来进行判断，所以就要很上相。但是建筑不止于此，可是媒体和广告业，把其他都忽略掉了。

“零文脉”即新文脉

你的设计是怎么反映它所处的文脉和社会的？

建筑确实是社会的缩影。建筑能凸显社会的特点。所以我的思路并不是去创造一个特定的个人风格，然后到处去使用……我不是这样的建筑师。我必须要去场地上看，去感受是什么样的环境，什么样的条件，什么样的资源，然后用我的方法去设计。我想这样说：所谓的“缺少文脉”，快速的拆除，其实也是一种文脉。

石刻博物馆是吸引民众、建筑师、摄影师来到这个本应空置的偏僻地区的一块磁石，这种在没有文脉的地方创造文脉是有意的吗？

是的，这个建筑是有意的。这个建筑周围没有别的房子，但是通过它我可以创造一个和佛教文明有精神连接的小世界。周围并没有建筑背景。

在一个相反的环境中，比如说只有房地产的地方，那种没什么价值的建筑，也可以看作是另一种无文脉的情形。

如果我们设定周围的建筑为“垃圾建筑”，我会将周围的环境视为是缺失的，然后我就会在自己的场地里创造另一个世界。我不必因为被垃圾所环绕而去创造一个垃圾。即使周围都是垃圾，我还是可以利用我的场地去创造另一个世界。

你是怎么做到的？

如果我们进行深究，从美学上讲，因为这种建筑过于大量性，就作为日常生活的背景。周围都是这样的高层（成都的商品房），我们在这儿做了一个低矮的建筑，像个大院子（西村大院）。从建筑学上来讲这个项目和周边，从语言上没有什么关系；它们只是日常的背景。但是对于我的大院子，它们创造了一个都市性的围合，并且有很多视线；这些都纳入了考虑之中。所以周边的建筑也可以享受这个大院子，并且因为美好的景观，它可以像一个演员一样得到关注。

天人合一

近些年来，中国的城市已经变得非常城市化了，很少有地区保持自然状态。现在，人和自然的关系是如何变化的？在最近的一个采访里，张永和告诉我“中国城市和自然唯一的联系仅剩天空，我的建筑和这个仅存的自然元素相关联”。我们是否要更新我们对“自然”的理解，来处理它和中国城市的关系？是否要将自然考虑为“城市景观”？或者去创造人为的自然？

现在的城市景观是城市化进程中自然产生的状态，但它不是“自然”的状态。人为的设计当然不能创造真正的自然，但是我们可以让人们亲近自然，或者至少亲近关于自然的记忆。更物质化地讲，是亲近天空，亲近大地、树木和水这些自然元素；精神上来讲，是亲近自古以来的“山水”生活理想。

在中国建筑中，什么是永恒的，什么是可变的？

社会、社会文化，和我们这些个体都在转变之中，但是人类、一个民族，仍然会有特定的精神诉求。所以，实际上在中国，永恒的是和环境的融合。所谓“天人合一”，意味着无论环境怎么改变，你都是会寻求一个院子而不仅仅是住高楼。这就是和自然的联系，有天有地的关系。这种诉求是很长久的。你可能会喜欢这种平衡的、安定的、平远的、宽阔的，而不一定会喜欢刺激的、尖锐的。这才是永恒的：和自然、和大地的联系。另一方面，西方的观念总和上帝有关，和圣灵有关，像是总要登月之类的。那是一种开拓性、创造性、突破性。这是西方文化的诉求。但是，东方文化并不强调新的创造性，而是强调和谐的关系。

中国国际建筑艺术实践展客房中心
图片提供：家琨建筑设计事务所

这种观念是如何体现在空间和建筑上的？

现在的中国社会已经是一个中西方文化融合的社会了。人们的生存条件已经改变了，追求也在改变，就比如对单元楼和院子的选择。在《再见老北京》（作者Micheal Meyer）这本书里有几句话很有意思。他谈到一个建筑现象，在西方，人们都把最华丽的、最好的东西放在外面，但是在老北京的四合院里，外面都只是普通的墙，最精彩的东西都在里面。

“反宣言”

中国需要宣言吗？
我不喜欢宣言，我认为宣言在强调某一方面的同时总会弱化、排斥其他方面。当你回答一个问题的时候，其实有很多不同的答案，但是在这一瞬间会选择一个。当你有很多想法的时候你不可能把每个都说出来，你必须选取主要的一个。当我们说一些很绝对的事情时是有条件的；排除其他，使这句话显得特别有冲击力。这就是创造宣言的办法。

中国的建筑业有什么问题？
中国的建筑太快了。社会普遍太需要炫耀，也太关注表面。这带来了很多问题。

当在中国做建筑时候，会面临怎样的阻碍？
所有都太快了，然后管理比较混乱。我在这做建筑，同时也在瑞士做，我可以很明显感受到两者的区别。一个是按部就班的、计划严密的，另一个则是特别快速的、杂乱无章地在做。但我也体会到在中国做建筑的好处。如果你直接和老板对话，就能直接修改设计。当我们在瑞士工作的时候，如果你想改点什么，来回的程序要花整整一个月时间，但是在中国，如果你和老板说好了，就可以按照他的意愿改。反正原本的计划也是乱的（笑）。

主要在于要清晰、具有冲击力的想法，富有创造性，这才是本质。
我觉得中国的建造业有种草根性，它不太成熟。就像一个人的青春期：可能会犯错，但有爆发力。但是在西方做建筑是非常成熟的，所有都处理得很妥贴，但是它不可能容忍青春期那种极限性。

得益于自发性

西方可以从中国学到什么？
这种情况很难在西方找到，因为和钱、和大量的人口有关系。是这样：我们其实还是在向西方学习，我并不觉得我们有很多东西可以出口到西方，因为我们仍然在模仿他们。我可以谈谈我个人的经验。作为一个建筑师，在工地里面是权威的发言人，但是通常我们的思考方式会非常的复杂化，特别理性。有的时候工人却有简单的办法解决问题。我觉得有些事情我们可以向民间智慧学习。西方有一个风格，用自来水管建造楼梯。这是一种风格表现，在很多室内设计里面会使用。但是我见到的最棒的并不是用水管来做风格，而是就把它们作为水管来使用，上面有水龙头。我在我的一个设计里也这么做了。概括来说，就是一些自发创造性。你可以从没有那么多规矩的俗人身上学到很多，因为他们只是要解决问题。这打破了建筑师的固定思维。

这是不是指从没学习过的人身上学习？
是的。有些自发性，或者是没有被建筑理论、学院的教育所束缚的那一部分，实际上是我设计的灵感来源。这是和思维结构的工作方式有关的，并不是从学院的、建筑的知识系统里边来的。很多时候其实是针对问题本身来寻求它的解决办法。这种方式也有不成体系的问题，就像是我提到过的青春期。但如果善于运用这些，就会变成优点。有个例子，或者说是个故事，可能有点夸张：在一个肥皂生产线上，总有空盒率，工程师就要做出很复杂的系统找出空盒子。但是工人呢，只是在旁边放一个电风扇就把空盒子吹走了。这个故事不一定是真的，但是人总是应该自由地切换思维方式，来寻求更有创造性的解决方式。那就是说，为什么不呢？我们需要一直问这个问题。

实用主义。
就是要去用得当的方式来体现实用主义，在正确的前提下，这会拓展人的思考方法。

鹿野苑石刻博物馆，林中小径
图片提供：家琨建筑设计事务所

鹿野苑石刻博物馆，室内步道
摄影：作者，2013年

十方殿

鹿野苑石刻博物馆，水面上的入口

刘晓都

都市实践建筑事务所

有时候混乱也许是好事
不断的变化
作全球性的设计

1
2
3
4
5

如果你不了解或者没有去研究当地文化，就做些全球性的设计，那样才能维持品质。如果你想做自己并不了解的事，就有极大的可能会失败，并且对于城市与居民造成消极的影响。所以用你自己的方式去做。如果你在家乡做出过优秀又美观的建筑，就应该做个完全一样的放在这里。这才是积极的贡献，因为你展示出了高品质的建筑……作全球性的设计！

深圳 2013年

刘晓都

都市实践作品
图片来源：作者

1
中广核总部大厦
图片提供：都市实践建筑事务所

2
土楼公舍
图片提供：都市实践建筑事务所

3
华·美术馆
摄影：强晋，孟岩

4
大芬美术馆
摄影：吴其伟

5
南山婚姻登记中心
摄影：孟岩，吴其伟

大芬美术馆
图片提供：都市实践建筑事务所

机遇来临时，必须准备好

对于这一代的学生而言，出国留学的经验似乎是不可或缺的。国外的学历是否是成功创办公司必不可少的要素？
并不是。你会发现一些非常有才华的中国建筑师，他们全部接受的是国内教育。但另一方面，显然也有很多成功的建筑事务所是有留学背景的。我们（20世纪）八九十年代从美国留学归来，当时跟我们同一时代但没有游学经历的年轻建筑师对外部世界的了解甚少。所以在那个时候，我们这样的学生必须获取一些海外经验；要亲眼见识相关的建筑作品，来学习一种当代的系统理念。我们可以和早在20世纪20年代第一批出国留学的中国建筑师作个比较，他们在美国宾夕法尼亚大学学习，之后回到中国。但我认为现在有所改变；并不是必须出国才能成功。你必须有远见，有很强的设计能力，需要在不同工作领域找到合作同盟，但最重要的是当机遇来临时，你必须准备好。要能接到合适的方案，还必须要有合适的合作伙伴。我们并不是在谈论所谓的巧合，而是当你意识到好的时机来临时，必须要把握住。

你（20世纪）90年代时遇到过什么样的机遇？
1998年我们决定回国创办都市实践的时候，当时中国经济正从五年衰退的低谷中慢慢走出来；那是后来大规模快速建设潮流的伊始。我们在深圳的第一个项目带来了这个机遇，给我们展现了深圳这个新移民城市：年轻、开放、充满活力，但城市基础设施也很匮乏。当时既没有非常优秀的国内建筑事务所，也没有国外设计公司进驻来引领市场。这种情况下不存在竞争对手，所以我们很轻松地找到了立足点。我们的第一个项目是个城市设计，为我们打开了公共建筑的市场，从开始的几个公共城市广场和规划建筑开始，很快建成了一些项目。如果现在回头看，会发现当时确实是个正确的出发时机。但当时我们并没有这种意识，只是在这个恰当的时刻开始冒险。我们就是觉得：“这是个很关键的机会，我们能在这真正实现我们的建筑设计。”但并不清楚接下来的十年会发生什么事。

基于哲学理念的空间

我们来谈谈中国空间最本质的角度：都市实践（研究部）做过很多有关探索传统及文化观念的研究、设计项目，这些经历带来了什么样的成果？怎样能将其运用到当代的设计手法中？
这些本质特征中，最关键的一点是围合。过去人们一直试图创造一种围合感，把自己从荒野中包围、保护起来。在中国，地理特征之一是有很多的山，而平原比较有限。这或许能解释为什么所有原始民居中间都有个院子。除了功能角度，这个院子更是一种基于传统的精神空间，基于哲学观念中联系天、人的意识空间。所以结果就是，中国北方与南方的庭院类建筑并没有太大差别。西部环境干旱荒凉，南部阴雨潮湿，但即使气候差异如此巨大，传统住宅也基本上没有变化。中国有着世界上最古老的文化之一；在现代化到来之前，这种传统一直存在于中国历史中，这无疑代表着某种中式的空间品质。

有时候混乱也许是好事

过去几十年中国存在着一股建筑狂潮，甚至有可能再延续几十年，从每天的实践中你们有怎样的收获？
我们在这一段时间里所收获到的，是从现实、从城市中得来的，而不是理论。都市实践已经在中国实践了十五年，直到现在我们还必须时刻不断地产生出新想法……我们热爱这种都市环境，因为总有全新的重新看待事物的角度！这个世界以及我们的城市是如何实际运作的……你知道有时候混乱或许是件好事。

为什么混乱是好事？
因为不可能只存在某一种单独的力量去掌控或者改变整体状况。比如说，为什么一个城市需要中轴线？是为了强调权力。只有绝对权威存在的时候，才能围绕着它在城市层面上组织建设和发展。如果无法建成这一元素，就说明这种力量正在消失，或者这个力量不够强大。就像现在的中国城市中，到处都有这样那样奇形怪状的建筑！（笑）这意味着它们已经失去了控制。为什么会失去控制？因为个体的自由度——人们可以作为个体来表达个性。每个人都想成为一个标志。每个人都想当明星！（笑）这是一个我们正在努力改进的缺点。

为什么想当明星？为什么每个人都想要最好的？

大芬美术馆
摄影：作者，2013年

嗯……你多大？二十八？

是的。

所以你是（20世纪）80年代出生在意大利的？

在意大利。

所以你从来没有过贫穷的经历，一种你的整个国家、你的家庭、你的生活完全被贫穷所影响的状态。

是的。

贫困是一种深深地扎根于我们心中的记忆，这种状况下生活是没有期待的，什么东西都买不起。仅靠一代人是无法改变这个心理的；不仅需要时间，更需要好几代人才能慢慢淡化这种感受。我的父母仍然对他们经受过的这种贫困、饥饿的感觉记忆犹新。比如说（20世纪）70年代时，几乎整个社会，可以说99%的中国人都生活在贫困状态中。当时的资源能耗非常低，到哪儿都靠走，或者骑自行车，不会出远门。

是的，这种状况可以跟欧洲两代人之前，就是“二战”之后的时期作比较。

是的，我曾经在一些老照片里看到过罗马的郊区，里面人们住在贫民窟里。但是在欧洲这种记忆已经太遥远了。即便你看着这些老照片，也无法跟自身经历产生共鸣。在中国，人们突然一下变得富足起来了。但潜意识中他们还没有脱离贫穷的感觉，所有的一切发生得太快了。这就是原因。所以人们一旦脱离了那种贫困的状态，就极度想表现个人自由，以此来“炫耀”自己的财富。他们想表现出来：“我的生活已经彻底改变了！”这是他们的社会身份。他们想要通过财力来得到尊重。即便你没有那么厉害，也得跟别人炫耀你很厉害！（笑）但如果你是真的厉害，反而不需要去炫耀。

不断的变化

Urbanus在拉丁文中用来描述属于城市的概念。你们的建筑中，哪一部分和你们最看重的都市文脉这一主题联系最紧密？在西方，设计理念和文脉的关系非常密切……缺少了长久存在的实际文脉、从零开始的概念，对于很多建筑师来说只存在于纯粹的试验性理论探索中。但当今城市建设的进程，老建筑的拆除、新建筑的飞速建设等现状，实际面临的是一种“转瞬即逝”的局面。这种情况怎样影响着你们日常的设计实践？

这确实影响我们对建筑的看法；我们本来认为一栋建筑可以长久地存在，至少上百年。但现在看起来可能四到六年都不到。这让我们开始思考：我们真的需要做永久性建筑吗？永久的标志性建筑？想一想，什么才是对社会有益的？这样才能解决问题，但必须从现在就开始寻找答案。如果我可以，我更倾向于做临时性结构，而不是永久性的。这样更有趣、更有变化的可能。它更充满活力和多样性，充满挑战性，你可以不断地去改善它！世界上的建筑正在发生改变：房屋构造逐渐老化，你面临着不同的选择：可以更新，可以拆除，或者用其他各种各样的方式重新将其加以利用。我认为这才是新世界的精神，是现代世界的精神。

如何在这不确定的情况下设计？如何从“最大限度地加以利用”中获取灵感？

嗯，不久之前我们有一段非常不好的经历。我们在深圳的第一个方案，是一个公园设计，建好两年之后就被拆了。本来不应该是临时性的，我们花费了大量的精力在上面，努力让它展现最好的状态。在一年的施工周期内，我们不断地去现场，保证高质量的施工，每天都去，每周都去。结果突然就拆了，然后他们在上面新建了别的；我们深深地感觉被欺骗了。这才是真正的速度！这是真正可能发生的事情。所以我们反问自己，为什么要在这上面花费这么大精力？之后我们就释怀了，只是说：好吧，这种情况或许真的很普遍，很有可能会在两年、十年、三十年之后拆除。那我们就开始思考：两年跟三十年又有什么区别？这个问题可以开启很多新的思考模式。

不如跟技术性公司合作

你们和OMA合作了深圳水晶岛规划设计竞赛，可以说在处理这种敏感度较高的代表性设计方案时，与国外工作室合作的方式慢慢变成了常态。两个顶级公司不同的设计、工作手法可能会导致在理解现状时出现偏差和问题。

我们对OMA有一些了解，我们私下跟库哈斯本人有过交流，所以在某种程度上我们对最后的成果并不感到意外。我认为这次合作项目非常优秀。而且我们赢得了竞

南山婚姻登记中心
摄影：吴其伟

赛；这是一次重大的胜利，在三组竞赛中都得了头奖。

这个设计背后有怎样的故事？
我们在讨论，甚至争辩的时候，发生过很多有趣的状况。要做的东西太多了，但优势是我们合作的时候能非常明显地感觉到每一个人的专业性，他们特有的能力和推进项目的特定方法。我们把工作内容分成了两个不同的部分，但所有理念都是双方共同的结果。这就像一个熔炉，不同的想法融合在一起，产生出了很有趣的结果。我认为，即使国外知名的建筑公司，也需要精准地定位目标，而正是像我们这样的公司才能引导他们精确地达成这个目标。

那你们是如何合作的？
这种合作关系非常艰难。说实话，我们一直很谨慎地对待与外国建筑师或公司的合作，因为我们找不到任何需要这样做的理由！一般情况下，本地的建筑公司并非真正的合作伙伴。两个公司所处的地位不同，所以最后互相帮不上什么忙。对于普通的项目来说，我们可以胜任，他们也可以胜任，所以让两个很强大的公司合作是毫无意义的。所以这类合作其实缺乏最实质、最基本的理由，如果外国的建筑公司真的想合作，不如跟技术性公司去合作，比如当地设计院，他们可以提供许多非常严谨的专业性帮助，去真正实现一个项目。

做全球性的设计

国外的建筑师是如何改变中国城市格局的？西方建筑师在中国实践时应该注意什么？
我认为大多数的西方建筑师对这里的文脉没有概念，或者说他们不了解中国的文脉。他们一味地借用许多错误的中国风水，或者不恰当的中国元素和文化…… 这不是办法。

那么他们应该怎么做？
这样说吧，如果你不了解或者没有去研究当地文化，就做些全球性的设计，那样才能维持品质。如果你想做自己并不了解的事，就有极大的可能会失败，并且对于城市与居民造成消极的影响。所以用你自己的方式去做。如果你在家乡做出过优秀又美观的建筑，就应该做个完全一样的放在这里。这才是积极的贡献，因为你展示出了高品质的建筑……做全球性的设计！

华侨城创意文化园改造
摄影：吴其伟

地王城市公园（已拆除）
摄影：孟岩

华侨城创意文化园改造

张轲

标准营造

尺度带来感触
介于乌托邦和现实之间
享受不完美的时期

一个文化中存在的事物，有可能我们觉得非常先进，在另一个文化看来可能是原始野蛮的。谁知道呢？这个世界这么先进，但同时自身也存在着非常荒谬的逻辑。中国风水里有个说法：三十年河东，三十年河西。我不信风水，但这个说法对我来说或多或少是成立的。

北京 2013年

张轲

标准营造作品
图片来源：作者

1
“山居”装置，米兰设计周
图片提供：标准营造

2
南迦巴瓦接待站
图片提供：标准营造

3
都市后院
图片提供：标准营造

4
武夷小学礼堂
图片提供：标准营造

5
微胡同
图片提供：标准营造

6
尼洋河景区游客接待站
图片提供：标准营造

1
2
3
4
5
6

“山居”装置，米兰设计周
图片提供：标准营造

展望未来大尺度VS老城的有机更新

现在中国的建设狂潮或多或少地慢下来了。是时候理论化这一切了吗？用书籍、理论去定义，去预测未来，通过这个手段来推动未来20年的建筑？
尘埃正在慢慢落定，这是事实。（笑）但我们不清楚新一轮是否会开始。过去20年里，我们的城市一直在扩张，基本上是盲目地向外扩张。我们已经把城市搞得一团糟，而现在这种缺乏理性思维的发展把乡村也置于危险中。所以现在都市用地很紧张，每个人都开始意识到我们不能再延续这种单纯向外扩张的模式了，需要有一种内向的发展。所以，正像你说的，现在是时候重新考虑我们都市环境的发展模式了。

这种考虑如何体现在你日常的实践中？
现在出现了一种很有趣的趋势；还不能说是潮流，就是以前注意力只集中在城市，现在慢慢转移到乡下了，也就是说去缩小城市与乡村、农业生活之间的差距。城乡之间的关系是当下中国很重要的一个议题，我认为应该形成一种农业化、具有生产力的都市生活方式，一种将两者结合在一起的新的人居模式。这是中国都市发展前景中缺失的一环。我们的实践同时走向两个极端：一个是展望未来大尺度的城市／乡村住宅、居所，另外一种是关于老城的有机更新。所以现在我们重新回到北京的城市中心来，回到大栅栏、白塔寺，探索我们的老城如何能够自我再生、更新，同时提供更吸引人的空间，在提供便利的基础上容纳更高密度的可能。

现在你的新工作室，是另一种的改造项目，它的出发点不是保护，而是加入了强烈的建筑学干预手法。如果我们考虑当今现状，一切都从零开始，从“空地”开始，那么创造出像传统胡同一样的小尺度、高密度的环境可能实现吗？
我们在这片地区有很多实践，比如“微胡同”就是北京的一个试验性项目，还有大杂院的改造项目，我们叫“微杂院”。这种所谓的有机更新，更多的是保留空间模式，你可以翻新，可以重新设计、重新建造其中一些建筑，只要不超出原有的尺度就行。现在我们慢慢意识到我们可能对老城区做出的改变太多了。我们拆除了太多，现在是时候思索我们到底做了什么，是时候作出保护了。

保护对于你而言意味着什么？比如上海的田子坊，功能产生了变化，已经不仅是居住功能了。现在那儿有小博物馆、酒馆……这些高端的功能，新天地也一样。那么改造必须要革新原有的功能安排吗？
我认为加入新人是很有必要的，但不是为了将人口延续下来；你必须同时保留一定比例的原住居民。历史上，这些胡同源源不断地有新的外来人口，但他们一直和本地居民住在一起，就慢慢凝聚起来，他们慢慢适应了本地传统，同时也带来了新的文化。比如大栅栏，就有回族居民，这是一个很大的穆斯林社区，但同时他们也非常本地化。他们在那住了一代又一代，已经变成了传统的一部分。另外，艺术家、作家、设计师这类新人也是必要的，他们能带来新的活力，使得居民们能够更新到当代生活方式中。如果我们不把新的文化看作是一种入侵，而是积极正面的继承本地传统和文化的一部分，这就意味着我们不一定要按原样保存一切，而是带入新的商业模式、空间和功能，同时创造出更吸引人的居住氛围，本地人就会选择留下来。

吸引社交活动、创造一种新的都市文脉和景象？
是的，因为在过去，可以说99.9%的本地居民都会选择迁出，因为没有厕所、没有供水、排水系统，物质上非常不方便。但如果你解决了这个，如果能在附近创造更多的工作机会，那么他们不光居住非常方便，工作也非常方便，那就再好不过了。北京现在有不少类似的项目，和新天地、田子坊那种大型投资项目不同。这里有吸引小型商业投资、创业的鼓励政策。而且还有新餐馆的出现，然后再加上给老头老太太开的麻将馆。（笑）如果你去大栅栏看看，就会发现很多本地人口和外来人口混杂的组合方式非常有趣。

尺度带来感触

如果这种背景环境无法重新获得，如果全部被破坏掉了，或者产生了新的环境将其隔离开来……那你又如何开始？如果没有任何文脉的话，你会怎么考虑？
在北京，有很多整片整片的街区完全被抹平，但这种尺度的延续性仍然存在。我认为尺度能带来感触，能激发你记忆中的很多事情。街道、房屋的尺度，庭院的

微胡同
图片提供：标准营造

空间序列，不管看起来有多么现代，它们相似的尺度仍然能在原来的居民心中唤起感情上的共鸣，这是一种潜意识里不断累积的过程，是过去经历过的某个瞬间在某个人身心上留下的痕迹。建筑师可以对这种尺度、材料、空间、气味的魔法加以利用，所有这些能够触动那根神经的事物。那么我就可以说这个建筑能打动我。在一个有历史的地方，这就是我们的出发点。

文化脉络，一种非物质的存在，看不见，但是能感受到。
对。我认为这也是年轻一代中国建筑师中间迅速发展起来的一点，就是这种对于中国文化根源的意识，对于寻求某种当代中国建筑的觉悟，一种新的“中国性”。因为过去30年我们的文化里，一直在不顾一切地追寻新事物。但是现在人们开始反思内心，试图理解什么是我们的根源，怎样利用它来获得当代性。比如你能在苏州园林中看到，园林本身代表着对于整个世界的感知，里面的假山、各种景观共同构成丰富、细腻而又复杂的空间。这与阿道夫·路斯（Adolf Loos）的空间体量设计（Raumplan）有根本上的区别；在东方人的观念里，不是为了复杂而复杂。又或者西安的传统民宅，中国和西方最大的不同在于，我们的文人一直在强调陶冶自己的内心，在建筑中就表现为一层又一层的空间，以及内向的建筑布局。不仅私密性更高，而且也符合，或者说折射出中国文人陶冶情操的理念，培养一个人内心世界的品质，而不是把一切都显露在外面。有时候你在外面看不出来什么，但如果你进入内部，就会对一层又一层空间的探索发现感到惊喜。

我们向文明作出贡献的方式

很长一段时间里，建筑师们都在模仿西方的样本……这种情况在怎样发生着变化？
很多私人公司现在正在由单纯的复制模仿，也就是低端的西方设计，转变为开始发展自己的设计和产品。我认为改变已经开始了，当然还是有很多大型设计院、小型事务所仍然在复制扎哈、库哈斯等人的作品，还是能见到。因为在20世纪二三十年代，当时中国有一股文化讨论热潮，有关中国是否应该通过模仿西方的文化和其他一切事物来使我们自己迈入现代化。中文里叫做“拿来主义”，意思是直接把一切新事物拿来用，节约时间。基本上复制就是节省了他们花费在创造过程上的时间。

就像古罗马人两千年前从古希腊直接拿走他们的文化、宗教、艺术等，形成了古罗马。
所以在一开始，用一种愤世嫉俗的眼光来看待这一切的时候，我特别憎恨它，为什么这些人要抄袭？但是如果退一步，从一种更为实际的哲学角度来看待，这是最简单、最快速的方法，也可能是一种非常先进的方式。（笑）

如果从实际角度来讲，直接利用过去最优秀的成果是最有效的方式，那么你认为这种手法现在变得不可取的原因是什么？
现在回到了最根本的问题：我们需要自我定义，不是吗？现在融合的速度这么快，对于中国来说，到了重新思考我们所采取的策略的时候了，来定义我们自己的身份，这是由创造出的新事物来决定的，而不是通过复制。我们把建筑设计的过程看作是创新的过程，至少一座建筑的某一方面需要有创造性。我们的文明就是由这些少数人创造出的新事物产生的，之后被社会复制、模仿。这才是我们向文明作出贡献的方式。

介于乌托邦和现实之间

对于先锋派、艺术家们来说，总有他们发挥的空间，来促使社会进行思考，进行改变，或者解读自我……你更关注于解读这个社会，还是试图去改变它？
我试图去改变它，比如我们新的“垂直住宅”（Vertical Habitation）项目……就像我在清华的设计课里讲到的，高层建筑、摩天大厦一百年前就已经出现，但直到现在它们还只是用作奢华的酒店或者办公楼；而设计给普通人居住的垂直方向的基础设施还是一片空白，不是为了富人而建，而应该是能在这个基础设施上面建设，用来安置整个社会。现在世界人口增长、资源匮乏，这个议题变得尤为急迫，我们需要在垂直方向上以一种新的方式来发展，不是一开始就建造完成的建筑，而应该是一种可以生长的基础设施，人们可以在上面种田、盖房、养鸡，可以有集市……我在清华的学生做出了几个非常有趣的模型，就是这种竖向的生长，而不是单纯的建一栋传统摩天楼。现在技术已经不是问题了，我们需要的是一种新的思考方式，这种半乡村半都市的居住概念会怎样实现。这不像是房地产市场仅仅追求更多的住宅面积，而是一种新的设计人居的手法。我认为这个完全有可

尼洋河景区游客接待站
图片提供：标准营造

能实现。

类似上世纪初的乌托邦理想，这个概念已经出现过，但在我们的时代之前无法实现，而现在我们有了这样的科技……
……去实现它。我认为每一代人都需要重新审视乌托邦这个话题，因为乌托邦也许意味着不可能实现，也可能意味着30年后有可能实现。这就像是更现实版本的乌托邦，或者介于乌托邦和现实之间。只是时间问题。这里存在一种更新型的农业和社区相融合的社会秩序，是立体发展的。我觉得这并不是那么的乌托邦，现在有很多实际存在的技术手段去支持它，而且在中国社会也对它有所需求。

享受不完美的时期

看起来中国要开始实现"乌托邦理想"了，但同时也在向着非常实际的方向发展。建设速度飞快，甚至有时候设计还没有完成，地基就已经开挖了。
我认为这有好有坏。好的是你不用应付那么多审核过程，因为要急着开始施工。但不好的是，你也能想象到，就是没有足够的时间来面面俱到地作设计，没办法设计每一个细节，每一个转角，每一个门把手，就是不可能。但总的来说我还是更享受这种急促的状态，而不是一个项目拖十年。因为我们的时代在变化，有些观念确实会过时。就理念而言，可能你设计之初非常先进，但真正建好的时候，它的创新性就已经过时了。现在这一行一个最大的挑战就是所有的一切都越来越快，而且还在不断加速。过去你有一个项目，他们给你五年的时间设计，之后给你一年，之后是六个月。很快他们就会要求你在一个星期内完成。到时候除了说"不好意思"，你还能怎么办?

不能依赖完美的细节来支持理念，而是应该依靠创造力和先进性。
正是。如果你过多地依赖完美的细节，最后很可能会失败。但是如果你对于整体空间水平、整体形态、整体概念进行掌控，如果这个概念能够延续下来，那么你就应该学会去包容这种不完美，并且把这种不完美的状态纳入你的概念和设计中。那么即使最后细节很不精致，但建筑本身的空间还是非常具有吸引力。所以我很认同这个观点，因为并非所有建筑都必须有完美的细节才是好建筑。不完美也是一种吸引力；而主动去适应这种不完美、去冒险的意识，也是设计过程中不可或缺的一部分。

这里的设计师之间有很多共同的价值观念，但同时每个人的手法都完全不同。当然，一个显著的特点，就是不存在一个共同一致的观念，或者说一个共同的宣言。实际上这个宣言是：每个人都有自己的道路。
这才是这个国家现在吸引人的地方，能够包容如此多元的现状。每个人的存在都很有道理。（笑）所以，对，我认为这就是我享受这个不完美时期的原因。

"新文艺复兴"的可能

真正促使我开展这个研究项目的原因，是西方能够从中学到什么。比如包括我在内的建筑师，在这里参观、工作，我们需要去了解，需要寻求一种批判性的设计手法，之后能够带回到欧洲去。在你看来，这可能么？什么是了解中国建筑最重要的一点?
这里的实践是，你有更多的机会去体验一个项目从概念到建成。开玩笑地说，在中国当一辈子建筑师等于在欧洲活三辈子。（笑）因为如果你很努力，完全可以建成许多项目，不管大小，从开始到建成，甚至到最后你的建筑开始衰败。只有当你目睹了一个完整的建筑周期，才会对于建筑能够做到什么、不能做到什么有一个整体的认识。另一个有趣的特点是，中国过去200年里基本上一直在衰落，所以有过这样的一致观点，就是中国的传统文化已经没落了。但是现在国家的经济状况越来越好，对文化的信心也重拾起来。我们称之为"新文艺复兴"的可能，我认为这种哲思已经开始出现了。在宋代我们在艺术、文学领域有过辉煌，那种对于高度抽象概念的精细描绘，对极致的追求，高水准的设计、生活、居住空间，这一切都非常吸引人。人们不断地从这些辉煌的历史中寻找灵感，很可能会出现一个新的哲学理念。我确定这种新的理念能够对于世界产生一定的文化影响，这种所谓的东方的生活方式，我们会看到它对于建筑和设计带来的改变结果。

20世纪是由美国文化为主宰的……那么这个世纪会是谁?
现在还不清楚，因为过去我认为文化的成就和进步是独自成立的，但现在我认为

中法艺术交流中心
图片提供：标准营造

它和经济状态紧密相关。所以对于很多事物的看法都在改变，人类社会是息息相关的，过去我们认为非常落后的东西，如果现在重新审视，可能会变得非常诱人。一个文化中存在的事物，有可能我们觉得非常先进，在另一个文化看来可能是原始野蛮的。谁知道呢？这个世界这么先进，但同时自身也存在着非常荒谬的逻辑。中国风水里有个说法：三十年河东，三十年河西，也许这是真的。（笑）我不信风水，但这个说法对我来说或多或少是成立的。

南迦巴瓦接待站
图片提供：标准营造

李虎

OPEN建筑事务所

我们建得太快了
适用于中国现状中
原型体系

对话李虎
摄影：张涵坤

1
2
3
4
5
二环 2049
2nd RING
MOBILE THEATER 流动剧场

我感兴趣的是创造一种原型，但这种原型不仅仅是用来复制的。我反对单纯的复制，但鼓励系统化的思考和设计。我感兴趣的是创造一个系统，能适用于新地点、新功能、新材料、新预算、新客户、新文化和新气候中。

北京 2013年

李虎

OPEN建筑事务所作品
图片来源：作者

1
“六边形体系”售楼处
图片提供：OPEN建筑事务所

2
北京四中房山校区
图片提供：OPEN建筑事务所

3
二环2049
图片提供：OPEN建筑事务所

4
网龙公社
图片提供：OPEN建筑事务所

5
临时售楼处原型
摄影：苏圣亮

北京四中房山校区
图片提供：OPEN建筑事务所

他们是不同类型的建筑师

中国注册建筑师所占的比例跟我们是息息相关的。在意大利每四百个人就有一个建筑师，而在中国是四万人。这说明了一种现状：中国的建筑师很少，而工作量又很大。这不仅对建设有影响，也影响着项目、设计和理念。
其实，以讨论实践为开端很有意思；在欧洲，成为注册建筑师并不难。毕业之后还没有做多少实际项目，就能注册。我现在在中国还不是注册建筑师，但是我可以实践。在中国，必须由有资质的公司或者机构来画最后的施工图。实际上在不同阶段参与建筑设计的人是非常多的。

那么是谁在真正做项目？
大部分情况下可能是承包商，或者设计院，就是国有机构，但是现在开始有所改变；近年来他们也开始向小型公司颁发资质。这是个很大的进步。但是这不代表建筑师占总人口的比例不低，我并不否认这个事实。我在20世纪90年代学习建筑的时候，并没有很多建筑学院。但是现在估计有当时的十倍之多，因为对建筑师有需求。所以我认为中国有自己特殊的应对这种需求的办法。而且还有很多国外建筑师在中国实践，这也填补了空缺。

另外一个有趣的现象是大数据。我们比较一下混凝土用量，以及设计费占总投资的多少，就会发现设计费大概是世界平均值的10%。再算上建筑师的数量，中国建筑师只占世界建筑师总量的1%。
但我觉得如果算上实际参与设计、施工的人员，就是通常意义上建筑师所做的工作，实际数字可能会是注册建筑师数量的十倍百倍。所以就变成了每400人里有一个，跟意大利一样。

对建筑师的理解和定义有所不同。
是的，他们是不同类型的建筑师。也许这些人并不一定是建筑学专业出身，但是他们参与绘图，然后另外有人把它盖起来。这才是建筑师的实际作用。我认为这是中国很有趣的一个现象，就是事情总归是完成了的，但不一定按部就班。但是当然要走一套合法化的程序；这就需要设计院了。你要付钱给他们，他们才能在施工图上盖章。这能行吗？我的意思是，这太惊人了不是么？因为他们不需要担太多责任，而结构工程师的责任其实更重大；他们要确保盖好的楼不会塌。真正倒塌的楼房很少很少，这就说明这些结构工程师干得不错。也可能说明结构其实过于坚固了。因为他们没有足够的时间做计算，所以就过度加固所有的结构。这也许是混凝土用量这么高的原因吧！（笑）

我们建得太快了

但是为什么我们能看到这么多“豆腐渣工程”？
它们是存在的，但是如果你考虑到这些房屋是如何设计、建造起来的，就会惊讶于它们所占比例之低。其实真正的问题一般不在于是否会倒塌，而是施工技术、防水问题。用错的或者低质量的材料使建筑寿命变得非常短。我的公寓就漏水；才盖好五年就开始漏水了！所以对于我来说这是个大问题，因为很多东西可能十年之后就需要重建，因为问题太多已经不能再用了。这将会是中国最大的问题，是接下来会发生的重大问题之一。我们建得太快了，所以你知道以后必须去返工修理。问题是谁去修理？没有人想修它，因为不清楚是谁的责任。

那你觉得是谁的责任？
中国的大部分建筑都是独立出售公寓的住宅楼。即便是很多办公楼也都是独立出售给业主的。所以事情就变得棘手了，对吗？除非建立清晰的法律规范，比如明确修理资金的来源。但大多数情况下都不明确。我在很多场合都一直在批评，我们建得太多，而且大部分完全没有必要建这么快。

这种状况是怎样影响设计、施工过程、完成结果，以及最后的拆除的？
这个问题很复杂，因为中国希望保持这样的增长速度，不是吗？这是政治家的工作。它们希望经济快速增长。但是没有人站出来批判我们过去十年里做错了什么，我们是怎样过度依赖房地产的。地价、房价，建设住宅楼，这基本上是我们经济增长的途径，但是这是一种不健康的增长。肯定有什么不对的地方。

每年都建成20个新城镇，就像广告一样。比如鄂尔多斯就是其中最具代表性的。

北京四中房山校区
图片提供：OPEN建筑事务所

对。我从来没去过鄂尔多斯，只路过那里，夜间漆黑一片，就是个鬼城。人们向那里的住宅楼投入了那么多资金，而现在没有人再去买这些公寓了。他们原先设想“我要等房价翻番的时候抛售出去获得利润”，但是现在没人买。当然不会买了，为什么要买？为什么要住在那？这个城市人口很少。他们一夜间暴富，因为他们开采出了煤矿开始出售。但是这不是可持续的，而是一次性的。

数量、速度，以及机遇

分析当今现状，我们能观察到建筑身份定义的流失；现在的社会和几十年前相比完全不同了。那么在现代社会中应该如何去定义？当今什么才是一个好的做建筑的方法？
怎样做中国建筑，做好的中国新建筑？这个议题不错。我们一直在讨论这个，这是我们的日常工作议程。去年我们有个展览；我们创办了一系列年轻建筑师的作品展览，叫做X-Agenda。现在对我来说最重要的是去了解正在发生的事情。我认为这是理解的出发点，因为我坚信建筑跟时间是密不可分的。而现在是一段非常特殊的时期。任何国家的任何历史上都找不出一段相似的时期，这种建设的数量、速度，所有的一切，以及其中最重要的，机遇。

适用于中国现状中

你的研究关注哪些方面？
我感兴趣的是人们以何种方式居住在城市中。理解人们如何快乐、高效地生活在城市中是非常重要的。在当今全球一体化的进程中，我们正在逐渐理解城市是如何转变的；而什么才是中国的，这非常难掌握。我们现在居住的房屋跟从前的完全不一样；在现在的中国，一切都是新的。我们现在所在的城市很早就已经规划好了，不管你喜不喜欢——我一点也不喜欢——这些新开发的城市也没有遵从中国传统理念。如果我们一直遵从传统理念，这个世界估计跟五百年前是几乎一样的；更可持续，因为我们不会作出改变。所以中国一直处于矛盾之中。但是我不认为能回到过去，我们在跟世界一同前进，而且不知道为什么我们是前进得最快的。这意味着，不管每次从西方学到什么，从西方输入什么，都需要将其适用于中国现状中。所以什么才是真正的中国现状是我们一直在研究的话题。

这种理解在你的建筑中是如何体现的？
北京四中房山校区项目，代表着我们正在创造一种新策略，就是如何成倍地增加地面面积，原因正是因为我们没有足够的地面面积。我反对建设得过多，因为这样会将自然从居住环境中彻底抹掉；但是这样又如何去设计城市？答案就是让建筑漂浮起来，将其对地面的影响最小化，将地面释放出来。我们在建筑内部和顶部尽可能多的创造出地面。这就是我们的策略之一，怎样在城市中跟自然共生。这是我们日常议程之一；怎样平衡这种消除自然的过程，答案是成倍地增加更多的自然。我相信自然空间，同时也是社交场所，是有益健康的，有益于城市和人们快乐的未来。

听起来像是“新巴比伦”（New Babylon）得以实现。那种通过叠加来创造互相联系、尊重自然的社会。
在北京，还有一个15万平方米的新校区，规模很大。里面其实包括了两个高中，一个国际学校和一个大型校园中心。其实刚开始的草图想法很简单，但是最终结果却是很惊人的复杂空间的组合。每个空间都不一样；我们希望能重新定义一个学校的模式。我认为建筑师能做的是静下心来，创造有趣的空间，激发人的感情，将人们聚集起来。

给人们提供享受空间的不同方式？
是的。出于某些原因我们手头上有几个教育建筑项目。这个机会非常难得；基本上没有人愿意做学校……你知道我们这个项目吗？（万科中心，“水平摩天大楼”，斯蒂文·霍尔）这是我们第一次运用这个策略。

原型体系

这个项目是有意实现过去的乌托邦城市理想吗？
不仅是新巴比伦，这个项目还有其他的灵感来源。历史中有很多巨型结构项目，比如日本的新陈代谢主义，或者英国的史密森夫妇。过去几十年里这种巨型结构就比较少见了，更多的是原型体系。这是我们另一个日常议题。我感兴趣的是创造一种原型，但这种原型不仅仅是用来复制的。我反对单纯的复制，但鼓励系统化的思考和

OPEN建筑事务所在X-Agenda的展览。哥伦比亚大学建筑、规划设计与历史保护研究院于2009年在北京创办了Studio-X，在新艺术区的大厂房内举办各种工作室、工作坊、论坛、展览等活动。
摄影：夏至

设计。我感兴趣的是创造一个系统，能适用于新地点、新功能、新材料、新预算、新客户、新文化和新气候中。所以现在建造这个新校园对我们来说是一个绝佳的机会。客户是同一个客户，万科集团，是我原来的一个客户，他们现在在为政府开发这个项目。为此我们付出了很多努力；他们想把这个项目作为绿色建筑的典范。我们终于得到了这个机会来试验这个有关原型的理念，而且将原先这种适应性的原型提高到可再次使用的建筑水平。这个建筑（开放建筑临时售楼处原型）可以拆分，运到另一个地点然后重新搭建起来。这跟中国古建筑的做法是一样的：木结构，不用胶，不用钉子；把一个旧建筑拆分开，再在其他场所重新组装起来。

这个临时售楼处原型的原理是什么？
这是个管状建筑，是一个为了销售住宅而建的临时馆；有点像销售办公室。所以人们来这里看公寓模型，是个展示中心。这是中国很常见的一种建筑类型。所以我就在想，为什么不能创造一种原型，然后在不同场所重新加以利用？一般来说这些建筑是临时性的，寿命只有一两年。我发现这是个问题，并且找到了解决方案；就是重复利用。这是一种可以拆分的建筑体系；地板、楼板、梁、柱都是用螺栓连接的……两周就能建好。可以漂浮在一层薄薄的水面上、池塘上，由铝材和玻璃建成，外部有遮阳，非常节能。内部是一个整体开放的空间，其中有五个方格子更具私密性，其余都是服务公众活动的开放空间。

学校已经落后了

你在哥伦比亚大学和香港大学的教学经验中，是否体验到不同的教育和学习思路？你对东西方的建筑学教育有什么看法？
有意思的一点是，在过去学校总是很前卫的，学校才是超越实践的新想法的诞生地。而现在正好相反，在某种程度上学校已经落后了，而实践则非常前卫，因为我们更多的是在前线处理实际问题，提出新策略。在开放建筑，我们像一个学校一样，一直在做研究，在发掘新事物。所以对我来说，教学经验更像是一种社会责任，去贡献、去回馈；去帮助年轻人开放思想，勇敢地去挑战，否则他们只能困在这里。不知道为什么，学校现在更保守，你认为学校应该更前卫，而现实恰恰相反。所以只要我有机会，就会告诉学生试着疯狂一点，去挑战传统想法，甚至挑战你的导师，为什么要相信他们？

自由地去尝试

你认为中国新一代建筑师的共同点是什么？
一个显著的共同点是你会发现我们都很年轻。这跟西方不同，一般西方的建筑师年龄大一些，经常是六七十岁；而这里更多是三四十岁。我必须承认我们每天会面对很多超出自己能力范围的问题，但是我们必须硬着头皮上。我已经做了18年建筑了；已经算是高级建筑师了。但是在西方我还算很年轻。我觉得这是个挑战，但也是令人激动的地方，因为我们如此年轻就有如此的机会；我们能取得的成就完全不同。可能我们的负担更少，比如历史负担，由于我们现在所面临的问题都是全新的、挑战都是不一样的，所以完全没有标准答案，我们才可能随心所欲。这里没有像美国一样各个系统成熟的支持，所以我们每方面都要考虑，比如照明、景观、机械问题等等，所以……自由地去尝试吧！

西方能从中国学习到什么，能输入什么？
还不清楚，我认为我们现在所做的在西方从来没有出现过，也就是说我们所做的是全新的，各种类型、尺度都不同。这意味着肯定有什么值得学习之处。总能从新事物里面学到东西。当今还有一个有趣的现象就是全球如此高度一体化……所以在中国所发生的一定会对西方有所影响，人们的生活方式、饮食习惯，以及人们利用空间和城市的方式。我们还得再等等……我认为五年或者十年之后才会明显察觉出来。因为我相信未来是全球化的，你不能再单纯地只考虑意大利或者中国，因为我们互相影响对方。这才是更令人激动的未来，这种全球化的高效率。

临时售楼处原型
摄影：苏圣亮

W-MANSION
MTL
Company

临时售楼处原型
摄影：苏圣亮

李晓东

李晓东工作室

从不同角度看待建筑
创造性不仅只关乎外观
独立思考

对话李晓东
摄影：张涵坤

1
2
3
4

我认为美学已经不该再像五十、七十年代那么重要了，那个时候很多后殖民时期的国家需要通过自身文化或其他方式定位自己。那个时候建筑是很重要的表达媒介之一，但是现在，如果你足够自信，就不再需要通过建筑外观来自我定位了。（……）所以这是上个世纪到这个世纪的一种本质上的变化。

北京 2013年

李晓东

李晓东建筑设计
图片来源：作者

1
The Screen
摄影：Martijin de Geus

2
篱苑书屋
图片提供：李晓东工作室

3
平河小桥学校
图片提供：李晓东工作室

4
淼庐
图片提供：李晓东工作室

从不同角度看待建筑

你在荷兰学习工作了很多年。在中国和在欧洲的工作经历有什么不同?
当然遇到的问题不一样了；客户也不同。在中国基本上客户都是政府或者开发商。由于整个体系都是公共性质的，所以私人客户很少。比如住宅，我们不会设计私人别墅，因为不存在所谓的私有土地。所以我们所接触的都是像政府或者开发商等十分特殊的客户群体。所以在思想上，思维模式上也不一样。

你在欧洲的经历对你对建筑的看法、你职业生涯中的设计手法有着怎样的改变?
在荷兰的经历对我在很多方面都有影响，它们都影响着我从不同角度看待建筑。实际上中国的建筑教育是很学院派、很传统的；怎样将建筑作为一个物体来看待，怎样通过功能来组织平面。但在荷兰，忽然之间一个全新的世界展现在眼前，当时后现代风格刚刚过去，新的解构主义以及新现代主义开始流行，这个新世界是相当令人激动的。经过四年对建筑理论的学习和研究，我又开始在荷兰实践工作。那是一段非常凌乱的时期，因为脑子里的想法太多了，而且没有一个真正对于我的建筑设计是有贡献的。然后我决定去新加坡，继续去学习、去研究应该怎样定义我自己和我的建筑。所以，八年的学习、研究和教书生涯对我来说是很关键的，建立了我怎样对待建筑的系统框架。

你认为我们是不是需要远离熟悉的环境，才能了解我们原来不能理解或掌握的事情?
是的，我们得去不同的国家，接触不同的文化，利用不同的角度和参照物去理解事物。接受建筑教育不仅是从杂志、书本上看建筑，更要将自己代入这个文化，用自己的头脑、身体去感受新的环境，去真正理解什么是建筑。那个时候中国刚开始腾飞，出现很多新事物，看问题的角度也都不一样。你可以带着批判性的眼光去看待中国所发生的一切。可能你已经有了一套很成熟的做法，然而当你重新认识自己的文化时，会发现它是那么的迷人，我从来没有那样看待过中国；那是一种全新的体验。我写过一本书叫《1979年以来的中国美学》，里面有一章讲的是对肤浅的外表的追崇，这就是对中国20世纪最后30年包括建筑在内的不同审美角度的总结。之后我试图寻找解决方案：它可以来自对现状最根本的理解，也可以从自己的文化根源去寻求答案。之后我渐渐开始尝试将自己的著作、研究中的成果融入设计项目中。所以基本上是从学术研究开始，然后逐渐形成自己的框架，再开始做实践。

针灸疗法理念

你是怎样在实践中表达自己多年研究成果的?
我刚开始回到中国的时候，在这实践一点，那实践一点，试图通过定义不同的状况将自己的想法、理论融入实践中。比如丽江的淼庐项目，就融入了不同能量的平衡感，阴阳的平衡，这是典型的中国古代理论。在那种偏远的人居自然环境里这是非常难实现的。但是如果你去淼庐，会感觉到非常平静，真正能静下心来；这就是因为能量的平衡。这来自于我对中国历史的了解。我将类似于针灸疗法的理念运用到设计中，比如平河小桥学校也是一个例子。北京篱苑书屋更关注的是将自然环境融入设计，变成建筑实体过程的一部分，以及建筑如何融入自然的进程，还有怎样将技术的概念和思想代入建筑。所以，在不同的项目中我用到不同的理念，大部分都来自我对中国传统理论，当然还有对现实的理解。最重要的是你如何通过不同角度将自己置于和现实的对话中。设计总是需要一个定位的；不然设计就太随意了，对吗?

是的，需要准则来指导自己的设计。
对，这就是我所学到的，以及我理念的基础；不仅仅止步于满足功能，而更关注在这样的现状下，空间怎样能帮助人们从不同层面理解建筑。

你很多项目都是远离城市的；有时候这些地区存在很多问题，需要通过建筑带来革新，比如平河小桥学校……
那个就是类似于针灸疗法的手段，注入一个有不同功能、不同程序的独立建筑能给社区重新带来活力。这是一种中国的医学理论，就是人体是一个整体，所以不论出什么状况，都是因为体内气的流动阻塞了。这个社区里面没有公共空间，所以我就试图加入一个公共空间，带来很强的活力，来激活整个社区。他们原来用土楼来定义自己，现在他们则用平河小桥学校来给自己定位；这是这个项目成功的标志。有时候一个死气沉沉的社区需要的是一剂强心针；这样的情况下就需要用不熟悉的形式来针对性地作出应对，来唤醒人们的意识。这有助于产生不同类型的活动；每个人都可以在这里举办各种各样的活动，所以社区中心就活起来了。

篱苑书屋
图片提供：李晓东工作室

标志性效应

大规模的建设和飞速的发展带来的结果是什么？对设计和最终成果有什么影响？
这么说吧，有个清华大学的教授说过，北京不会被战争或者拆除毁掉，但是会被建设毁掉。我认为这个能回答一部分你的问题。这么快速的城市化进程确实戏剧化地改变了中国城市的面貌，但是发生得如此迅速确实带来了很多问题和麻烦。

那么这种发展最终会将中国带向何方？
我不认为这么快的速度、这么大规模的建设是个积极正面的变化。（……）用CCTV大楼举例；它是相同面积的建筑造价的两倍。所以这钱用在什么上面了？外观审美上，对吧？这个才是我们现在应该讨论的问题，因为如果我们要可持续发展，就必须注意我们运用资源的方式。比如我们需要像香港一样应对密度的问题。你知道效率意味着一切，所以必须在一定的占地面积上满足足够的建筑面积，这就是香港。我认为这个理念现在在中国很多大城市都适用。所以，当我们讨论中国现在所经历的大规模建设时，这些方面是被忽略了的。

什么才是真正的中国现状？
我们拥有上千座摩天大楼，应该是美国的两倍吧。之所以有这么多摩天楼，以前是因为土地紧缺，因为必须要有效利用土地资源，但是现在中国不是这样。现在的原因是摩天楼的外观原因，因为它们的标志性效应。我们必须重新定义城市的基础设施应该是怎样的。我们现在的基建效率并不高。北京现在的状况，各种火车站、地铁站的位置，我们对土地的利用、对交通系统的利用都不是很有效率。我们现在所用的是西方一百年前的系统，但是他们没有这么多人口；北京现在有两千多万人口。那么我们怎样才能让城市更有效率？除了拓宽道路，我们能做的还有很多。所以必须从新的角度来看待传统城市规划手法，用新思路来重新考虑。

从审美角度进行创作

中国现在的审美在向什么方向发展？
我认为美学已经不该再像20世纪50至70年代那么重要了，那个时候很多后殖民时期的国家需要通过自身文化或其他方式定位自己。那个时候建筑是很重要的表达媒介之一。但是现在，如果你足够自信，就不再需要通过建筑外观来自我定位了。而且由于资源缺乏和可持续发展的问题，我们必须想方设法考虑建筑的功能性要求。所以这是上个世纪到这个世纪的一种本质上的变化。（……）所以我希望中国当代建筑师不要再把注意力集中在形式、外观的审美上了，而是关注建筑怎样经营、运作，怎样节约资源、提高效率。

但是仍然有建筑师重点不在功能或可持续性上，而更注重利用不同建筑语汇来表达、来给建筑的外观带来意义。比如很多年轻建筑师利用地域主义或者野兽派建筑风格给建筑多加上一层含义。
我同意你的观点。是的，即使（20世纪）50年代的柯布西耶也是这样。当代建筑，准确地说是现代建筑，是由西方的勒·柯布西耶、弗兰克·劳埃德·赖特和密斯·凡德罗等人发起的。它是工业化和全球化的产物，200年前就开始了，而中国的这个进程30年前才开始，当代建筑的实践是10年前才真正开始的。所以在建筑学领域我们还算是学生，从很多方面来讲我们还在学习，通过国外的各种现有原型——当然也从杂志和书本中学习，从学习建筑的过程中学习。

在过去几十年里，自从第一次接触西方建筑开始，中国一直通过利用不同建筑语汇来努力寻求自己的定位，由此对种种来自国外的新输入作出回应……
一个中国当代建筑很重要的范例是贝聿铭的香山饭店，离这里不远。实际上他受委托设计这个酒店的原因是当时政府，或者说中国建筑师们并不确定。因为1977年决定开始改革，向全世界敞开大门的时候，当时世界上流行的是后现代主义，而中国还没有经历过现代主义，所以差距太大了。我们当时的环境里非黑即白，而世界上的环境是如此丰富多彩。我们一下子接受不了正在发生的一切。所以解决方案就是邀请美籍华人建筑师设计，示范如何在中国做建筑。贝聿铭受邀，因为他是中国人，也是世界上有名的建筑师。贝聿铭将方案提交给政府的时候，刚开始他们非常失望，因为在他们脑海里想象的是一种非常现代同时又是中式的画面，而没有人确切地知道什么是中式。但是贝聿铭提交方案时的想法是，我们必须在开始现代主义之前先清楚自身的定义。

那这个是中国后现代建筑的开端吗？
这个建筑成了一种标志，在接下来至少20年里给中国所有其他建筑师提供了学习的榜样。但是在这个之后，建筑设计的问题变成了单纯的选择问题：中式还是西式，传统还是现代。建筑设计不再是一系列经过辩论的思想决策的结果，而是变成了一系列选择的过程：传统或者现代，中式或者西式。所以你看中国（20世纪）八九十年代的建筑实践就是在一个方盒子上面加一个屋顶。我们要融合东方和西方、传统和现代，这是一种非常简单粗暴的方法。这就是你为什么能从网上看到中国十大最丑建筑的原因。就是这个传统来的。这是一种通过符号性来看建筑的方法，所以建筑成了用融合不同风格来包装然后推销给客户的产物。

为什么（20世纪）八九十年代这种做建筑的方式如此盛行？
因为一个社会在由穷变富的过程中，审美转变的原因一般都是因为自信心的提升；如果没有自信，应该怎么办？通常富人来自美国、欧洲，所以我们希望用他们的风格来建造自己的房屋，对吗？所以在市郊到处都看得到这种设计：西班牙风格住宅或者其他风格的住宅，他们就是打着这样的旗号，公众才会购买。这就是通过符号性来看待建筑的方法。我们从来没有批判的习惯，没有批判建筑外观的传统。在古代建筑只是工匠的杰作，而不是学者的成果。所以那时候聪明人不做建筑，不像欧洲，比如达·芬奇既是艺术大师，又是建筑师。

为什么？
因为匠人是用手，而聪明人用脑。这是两种不同阶层的人。所以直到当今社会才有了学习建筑的学院，聪明的人才会去系统地学习建筑学。现在的状况已经改变了，但是仍在建筑学习的初期阶段。

创造性不只关乎外观

鄂尔多斯这样的城市是中国城市中零文脉的典型。很多建筑师在那里工作时发现处于一块完全空白的空地上，什么参考都没有。在这样的环境下如何开始设计？
还有其他一百万种能让设计变得与众不同的方法，每种都不一样，为什么只认一种形式？你要找设计依据对吗？比如我们可以用功能，比如展览空间。那么最佳的展览空间是什么样的？这就是你如何开始的方法。那么为什么要采用有机形态空间作为展览空间？这里面没有任何逻辑。这才是我们真正需要否定的，这才是中国建筑实践的真正问题。

把建筑当作雕塑对待。
雕塑是一件供观赏的物品，而不是一个你能从内部经历的事物。建筑需要花费大量造价，我认为这是一种犯罪；你可以认为这是一种罪行。这就是浪费钱。方形才是最具适应性的形式，但是如果你做这种形式（有机建筑）又怎样适应未来的用途？你必须拆掉它来建造其他新的用途，所以这个不可持续。有些人利用电脑程序来证明这种形式的合理性；我有这些信息、那些信息，所以由电脑生成这种形式。在我看来这就是垃圾。有些人甚至说自然就是这样的，你怎么能把自然界的某个特定物体体现在一栋特殊的建筑上？这两者之间没有任何联系；缺乏合理性。所以这才是真正的问题，你看到的这种实践才是中国的问题。

所以应该采用怎样的逻辑？
如果没有任何周边环境，为什么不做个方块？基本上，如果网格就是这样，你就做这样的形式不是吗？这才是最有逻辑的！

那空间层面呢？
正是，对于空间，比如用博物馆来举例，它的空间应该是最具逻辑性的，现在中国，对于所有发展中国家来说，如果我们要可持续，就要采用这种（方形）而不是这种（有机形态）。这种的造价多出一倍，而且对空间的利用率不高。就是这么简单。

这样的话我们不会冒着退回到现代主义的风险吗？
这已经不再是个问题了。只是为了说明我们现在为了可持续性，美观与否已经不再是重点了。重点不是怎样做一个漂亮的建筑，而是应该关注建筑的效率。创造性不只关乎外观。你觉得这种形式（有机建筑）更具创造性，这不对。我不是说我们只能做混凝土盒子，不仅仅是这样，还有其他很多种方法。因为即使是内外隔墙，我们也能大做文章，不是吗？这种特殊的形式不代表就没有创造力。比如需要考虑怎样使空气流通，怎样引入光照等问题。

独立思考

有些人会有异议，因为中国的房地产建筑就是方盒子的结果。所以中国应该采取怎样的措施？
这不是建筑师，而是开发商以及中国体制怎样运作的问题。我们把所有建筑开发权交到开发商手中，但他们只关心盈利问题，而不关心怎样在这个空间里住得舒服。在新加坡，如果你观察HDB住宅，就是社会住房，80%的新加坡人都住在这里。新加坡的住宅开发有一个特点，就是HDB住宅都由柱子架空，所以地面层是公共开放的。地面层可以有餐馆、开放式中心、咖啡馆和很多不同的公共空间。这些都是开放的，开放式社区，而且每层其实都由长长的通道连接每个电梯。你要走过这个通道才能到达自己的公寓，所以这里也是公共区域。所以新加坡的HDB住宅是基于服务多元化社会的需求而设计的，而且也需要考虑热带气候的问题，考虑如何遮阳，如何通风、防雨。新加坡的这种建筑所应对的问题定义了新加坡的建筑身份。

新加坡人找到了自己的方法，那么中国呢？
在（20世纪）七八十年代，他们是跟西方一样的做法，广泛利用日本、欧洲等地的明星建筑师。后来他们发现大部分人做建筑的手法跟他们在自己国家的手法是一模一样的，跟新加坡没有任何关系。新加坡就像漂浮在海上的海市蜃楼一样。他们意识到新加坡的问题不是主观的对文化的理解，而是客观的对自然进程的描述，因为他们有热带气候。突然间他们觉醒了，所以基于独立思考，发现了追求的目标，而不再单纯的复制。这才是中国在当下应该做的：独立思考，提出我们自己的解决方案，创造不同的形式和空间，基于现实，基于我们对于现实的理解。

必须联系实际，否则就变成了可以出现在任何时期、任何地点的任意建筑。
应该基于现状来定义建筑本身。现状就是我们就在此时此刻，我们现在的生活方式，以及具体区域的具体人口密度，这些才是设计来源。解决这些问题，协调所有这些问题来生成建筑形式，这才是我们的自我定位。

篱苑书屋
图片提供：李晓东工作室

平河小桥学校
图片提供：李晓东工作室

篱苑书屋
图片提供：李晓东工作室

争议

循规蹈矩
建筑农民工
由实践推动
视觉震撼力
非物质遗产
世界性文化

中国建筑试验场上出现的各种试验及创新

在快速发展和城市化出现的同时，一般伴随而来的还有种种试验和新的探索发现。当代中国拥有创新所需的一切条件：经济繁荣，廉价劳动力，快速增长的高教育水平，中产阶级，以及极具活力、财力强大的政府，同时控制着土地所有权。由于过去几年大规模的建设，试验的到来不可避免。然而，根据过去20年间出现的看似过于普遍的大量新建筑、新城市，以及都市的转变过程来判断，似乎中国在建筑实践领域给予创新性的时间和关注度少之又少。

这种说法是极其不真实的。数十个，甚至上百个大、小尺度的建筑试验样本展现出令人惊讶的结果。试验意味着尝试新事物，来判断其价值，如果必要的话还需进行重复。在进行试验的同时，失败和成功相辅相成。近年来世界建筑学及城市规划领域中出现的试验性项目似乎和中国一贯实行的社会、经济试验传统一脉相承，既包括用来测试自由市场经济的经济特区，也包括新型公共交通系统的建立。问题在于，这些试验是否真正用来测试新的可能性，还是说它们只是一种即兴产生的模式，仅仅是有限的时间和经验带来的结果?

几年前有这样一个口号："建筑业是国家经济的支柱"。这正是中国建设所追求的：将建筑业、新城市的建设工程作为刺激经济发展的工具，同时也是提高民众生活水平的手段。如果没有经历这些试验，如果没有外国专业人士的参与，这些都不会成为可能。

国际上的争论焦点一直在强调那些失败的试验，如"一城九镇"发展计划，其最初目标是通过引入不同国际性的概念和实践，在城市规划领域赶超世界水平[1]；以及鄂尔多斯等城市所展现的"鬼城"景象[2]；抑或是多个失败的生态城市项目，它们仅仅以"绿色"的景象作为噱头，实际上最终结果和常规城市并无区别。

抛开上面这些在西方人眼中不太可靠的例子不谈，实际上存在着很多很有希望的成果。除去严格的建筑规范造成的种种限制，敏锐洞察力的缺失也督促着中国建筑师们，甚至缺少参考范例的情况也时有出现，而这种现状正在迅速改善。此外，更多的年轻毕业生们选择获取一些国际经验[3]，同时身处中国的年轻设计师们也展示着形形色色的令人称赞的项目。

外国建筑师大量涌入中国，在中国的建筑市场进行在他们国家不可能出现的项目试验的日子似乎快要到尽头了，市场环境正在发生转变，中国的客户变得越来越挑剔。引人注目的是，中国建筑业中以年轻设计师为主，展现着一种更具批判性的态度，不论他们有没有国际背景的影响，都会寻求回归自身的根源。他们与西方事务所惯常使用的在缺少文脉的情况下快速生成理念的态度截然相反，后者极容易产生在中国的不当设计项目这一结果。越来越多的年轻中国建筑师通过种种试验创新展示着他们的雄心壮志。在国际上享有盛誉的建筑师们，如大舍建筑、业余建筑、都市实践，用他们先锋性的项目外观、内涵、文脉，以及所使用的材料一次又一次地给我们带来惊喜。同时，第一批在国外进行创新性设计项目的中国事务所，比如MAD在洛杉矶、东京和罗马的多个项目，他们用自己的山水城市这一哲学理念，对抗着主流的现代主义，后者以逻辑、理性以及高效性作为绝对权威[4]。个人偏爱刘家琨，他近期在成都的西村大院项目，提出了一种新的开放性的概念， 超越了建筑本身。

过去20年里，中国社会从各个层面进行着转变。如果没有反复的试验，这一切不可能发生。数量和速度带来了根本上的变革，在国际层面也产生了影响。不像西方有关人居和城市的小规模试验性辩论，中国充满活力的手法所产生的影响更为显著，尽管很多时候会伴随出现戏剧化的对环境以及生活品质的附带伤害。从气候变化、经济状况及其他当务之急的角度来考虑，持续增长的不确定性也督促着我们去改变现在所采用的样本范例。从长远角度来看，可以预料更为灵活的态度，以及多方面综合考虑的手法是我们亟需的。建筑师应该在其中扮演批判性的主导角色。中国自身丰富的资源及其已经获得的经验使得超越普通的实践成为可能。

诚然，出现了一些令人看到希望的信号，比如最近中央政府颁布的新条例，强调将更多地关注生活品质、高效利用能源等角度。其中值得一提的是最近出现的取消封闭式小区、打造开放城市的建议。然而，这些指导方针还不具有约束力。真正成为规范标准，并且颇具希望的例子是中国的"海绵城市"理念。通过包括这一理念在内的很多样本，中国证明了自己认真对待"试验"的态度。我们期待看到在不久的将来，所有这一切给建筑、城市规划的形式会带来何种影响，同时如何改变公、私合作的方式。希望更多在建设领域的建筑师、工程师、开发商及大股东们，能够共同引领中国的转变趋势，将中国变为引领世界建筑、都市创新的实验室。

Harry Den Hartog
Urban Language Studio创始人
同济大学建筑与城市规划学院助理教授

[1]Den Hartog, Harry, ed, Shanghai New Towns: Searching for Community and Identity in a Sprawling Metropolis, Rotterdam: 010 Publishers, 2010.
[2]Shepard, Wade, Ghost Cities of China: The Story of Cities without People in the World's Most Populated Country, London: Zed Books, 2015.
[3]Ding, Guanghui, "Experimental Architecture in China", Journal of the Society of Architectural Historians, Vol. 73, No. 1 (March 2014), University of California Press, 2014, pp 28-37.
[4] Yansong, Ma, Shanshui City, Zurich: Lars Müller Publishers, 2015.

循规蹈矩

循规蹈矩

一步一步

在古代中国，建筑是临时性的；这才是中国建筑的传统，材料可以被置换，但建筑类型一直遵循原有的形式。古罗马继承了古希腊的部分文化；之后，文艺复兴又继承了古罗马的一部分，甚至哥特时期也从继承了原有的一些东西。所以我认为所有的东西都是一步步演进的。［朱锫］

创新有可能在特定机遇来临之时，或者偶然发生的情况下出现，但普遍来讲，是在追求非常规性问题的解决方法过程中而产生的。每种创新都有所不同；有的可能是重大突破，有的可能只是很小的推进，或者在现存的基础上加以改良。

创新的产生一般情况下并非一帆风顺。创新可以从科学技术的突破开始，我们称之为“科研推动创新”，这里科技是创新的动力。运用获取的新知识来推动新的科研，从而创造出新产品和新工艺。也可以以一个硬性需求为起点，这是“需求拉动创新”，产生于为

重庆美全22世纪，从扎哈·哈迪德的北京望京SOHO得到启发
摄影：作者，2013年

一步一步
绘画六法
拿来主义

延续辉煌
诚
老百姓放
鲜鱼口
5月8日隆重开街

北京前门大街，经过整修的著名步行街，在2008年奥运会前夕重新向公众开放

来源：第十四届威尼斯建筑双年展*基本法则，中国现状*一展，2014年

摄影：作者

满足特殊要求所做的定向研究，从而研发出新产品、新工艺和新材料。
多数情况下，一个创新的诞生会将这两方面都涵盖其中。现有的知识总是和特定的需求相辅相成；可以称之为创造力的发动机。[1]

循规蹈矩

你理应知道祖先教会你的事情；对中国人而言尊重现存的规则才是正道。如果用其他方法去做，那是错的；而如果你模仿，那才是对的。［齐欣］

如果从飞机，或者航拍图等俯视角度观察中国，一个统一所有城市及其周边工业园区的显著特点就是在近十年内建成的蓝色屋顶。这个蓝色并没有什么特定的功能，或者审美上的追求，而仅仅是因为到处都在用。为什么是蓝色而不是其他颜色？是因为周围的屋顶都是蓝色的，而周围的屋顶都正常运作，所以就沿用了下来。
一个创新的过程可以简化为三步：知识、应用及创造。知识是整个过程的核心重点，也就是要掌握过去已经创造发明并沿用至今的成果。应用是怎样运用不同方法阐释现有的知识，来理解我们所学的内容。创造则是将现有知识加以利用，来发明、设计，或者单纯地去完成某件事。
媒体总是在过分强调一些重建西方城市中某个纪念物、标志性建筑，或者用现代的材料来重建传统建筑的实例。这种重建对很多生产领域有刺激作用，不仅仅对建筑业，也包含制造业、时尚、艺术等，使之变成一种全球化的现象。这里的目的不是为了批判这种现象，而是去理解其背后的深层含义，理解这种重建的机制，以及哪些方面的原因在设计和创新阶段起到了限制作用，以便去了解这些策略最终带来的影响。

五千年的历史和文化

（在西方）从古罗马时期开始，耐久的概念就存在于建筑的每一部分。在这里我们只为了像人的一生这么短暂的时期而建造，之后可以消失或是被取代。［齐欣］

纵观历史全局：社会、文化以及艺术各领域，都是漫长而缓慢进化的结果，在五千多年里一直影响着整个国家。[2]直到19世纪，科举制度都未发生根本改变。这种有着1300年历史的古老制度，用来选拔官吏、政府官员，给予他们至高无上的权利，而其基础则是学习孔子的《论语》等经典文学著作。几乎没有任何变动，作为传统体系的根基推动着社会的进步。
在古代，为了当官，这些充满抱负的莘莘学子们必须先经过多年的苦读，反复钻研文学名著。而今天的学生们也是用很多年去学习各种象形文字、上百遍地抄写着每一个汉字，以便记住其正确形式。教育方法则侧重于强调正确性，促使他们努力达到更高的标准。这种教育方法自古以来就将东西方两种文化摆在了对立面。

绘画六法

西方人无法理解为何我们摧毁了这么多古老的建筑，然后用新的一模一样的建筑去取代它。［齐欣］

公元6世纪的画家、作家谢赫创造了著名的“绘画六法”。
在这套对绘画创作的原则性总结中，主要强调不同表现手法特征的分类，其中引人注意的一点是“传移模写”。这表示临摹其他例子，不光临摹周围的世界和自然，也临摹过去的经典艺术。与现代西方世界抨击“复制”这一手法不同的是，直到一个世纪之前，几千年来在中国，人们一直遵循着这一生活准则。他们沿袭了过去成功之士的作品风格，保护并传承过去的传统，来给当下提供灵感。
人造物的耐久性决定着建筑的复制，因为随着时间推移，建筑可能会被损毁，需要重建，所以这部分总是用相似的材料所取代。建筑风格几千年来都一直在重复，没有本质变化。相比较而言，西方的爱奥尼、多力克、科林斯柱式以及罗马式、哥特式、巴洛克风格的进化，不同风格有着每个时期特有的本质区别，这也看出两个文化之间的根本性差异。

拿来主义

因为在20世纪二三十年代，当时中国有一股文化讨论热潮，有关中国是否应该通过模仿西方的文化和其他一切事物来使我们自己迈入现代化。中文里叫做“拿来主义”，意思是直接把一切新事物拿来用，节约时间。基本上复制就是节省了他们花费在创造过程上的时间。［张轲］

现代化的来临带来了极其深远的影响，中国文化的大门终于向世界敞开。各地的租界内出现了学院派建筑、苏式纪念性建筑、美式后现代风格等，所以可供临摹的对

1
N. Sinopoli, V. Tatano. *Sulle tracce dell' innovazione. Tra tecniche e architettura*. Franco Angeli, 2002

2
Chey, Ong Siew. *China Condensed: 5,000 Years of History and Culture*. Times Editions-Marshall Cavendish, 2005

北京、上海、重庆、西安建筑风格趋势
摄影：作者，2013~2015年

金帝大酒店
WANDA PLAZA

"一城九镇"
来源：《世界建筑在中国》，薛求理，三联书店（香港）有限公司，第163页，2010年
图片来源：作者，2014年

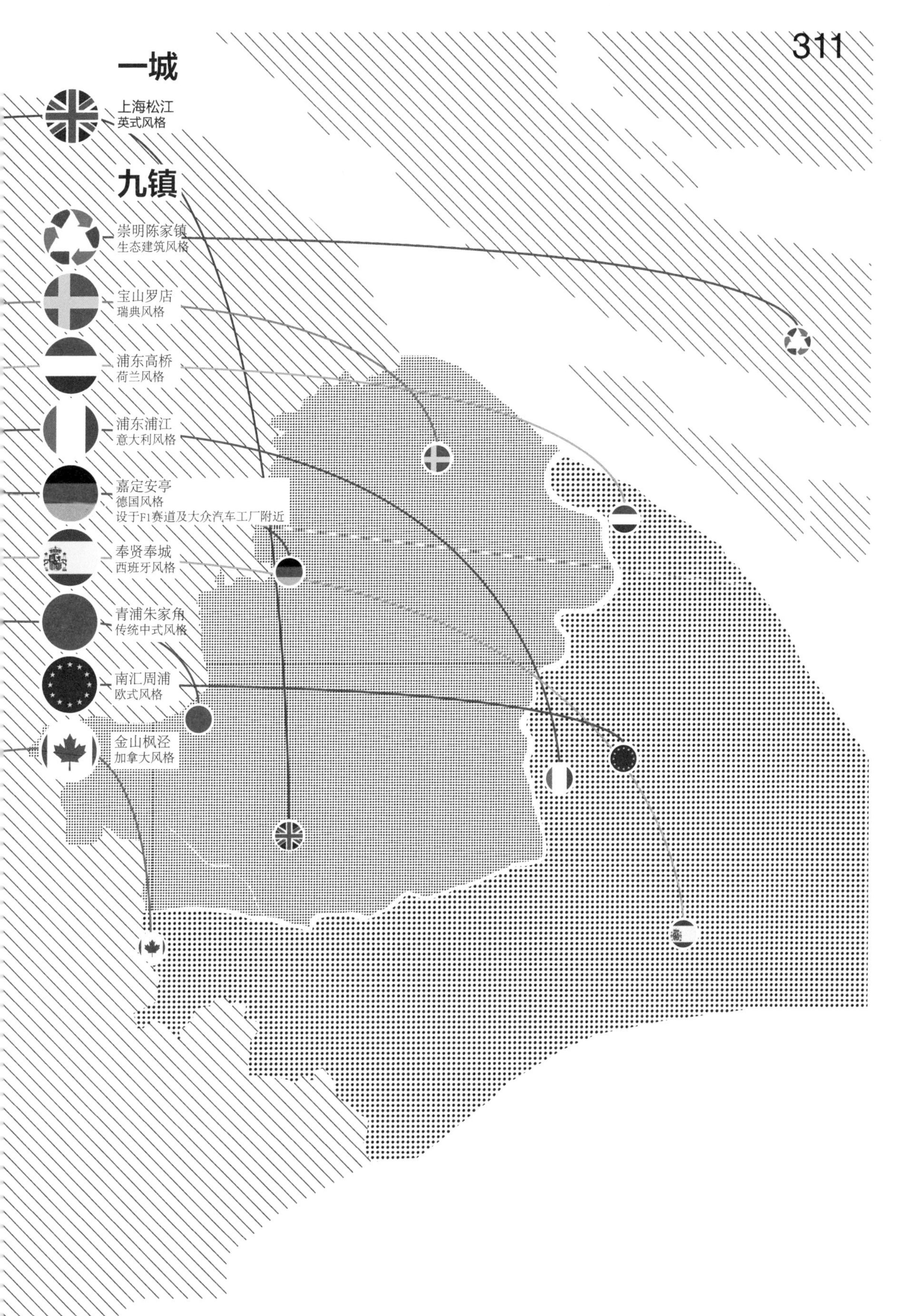
一城
上海松江
英式风格
九镇
崇明陈家镇
生态建筑风格
宝山罗店
瑞典风格
浦东高桥
荷兰风格
浦东浦江
意大利风格
嘉定安亭
德国风格
设于F1赛道及大众汽车工厂附近
奉贤奉城
西班牙风格
青浦朱家角
传统中式风格
南汇周浦
欧式风格
金山枫泾
加拿大风格

象大大增加了，带来了原先不可想象的机遇。

就在几年前，上海为“十五”计划（2001~2005年）开展了一项名为“一城九镇”的主题城镇项目，这是一个以西式（美国、德国、意大利及北欧等）生活情调为面貌的城市规划项目。之所以应用这些范例，是因为他们代表着租界时期及其后出现的富裕、现代的生活方式。今天，更多跟西方的接触则体现在从国外学习归来的海归学子身上，以及通过杂志、网络及其他参考对象，从这些非常多样化的例子中不断借鉴、模仿。重庆的美全22世纪项目，就是参考了著名的扎哈·哈迪德的望京SOHO项目，甚至在原作完成之前就完工了。实际上，这个项目的设计只是完全单纯地基于扎哈项目的渲染效果图。

这些复制品自身包括了各式各样的问题，例如建造速度、外观对人产生的视觉影响力及其所传达出的各种可能性。对新例的复制取代了对传统经典作品的复制，而飞快的建设速度又使建成不久的新作品变为“经典”，甚至有的在还未完工之时就已经被作为其他项目的参考模板了。

传统风格的饭店，北京
摄影：作者, 2011年

传统风格的零售建筑，南锣鼓巷，北京
摄影：作者, 2014年

建筑
农民工

建筑农民工

整个中国建筑业的问题

这是整个中国建筑业都要面临的问题。你们要研究中国建筑的现状，这就涉及一个比较大的问题。［刘家琨］

建筑的最终完成度和细部质量较低，这是影响着整个中国建筑行业的现象。这种现象从北方到南方，从发达地区到次发达地区，从城市到农村随处可见，由此说明这不是一种特殊或者意外产生的独立现象。我们在这里讨论的，是其背后的真正原因和这种现象长期存在所导致的结果。

挽起裤腿种田，放下裤腿盖房

在没有项目的时候，或者是农忙时候，这些建筑工人就还是农民。我们管这个叫“挽起裤腿种田，放下裤腿盖房”。［刘家琨］

飞速的建设和全国现代化进程的背后，是来自农村的数以百万计的建筑农民工。他们并非专业的建筑工人，而

由北京市建筑设计研究院有限公司设计的凤凰国际传媒中心工地上的建筑工人，北京
摄影：作者，2013年

建造的过程完全无法控制
没有足够的时间做计算
需要重建

美全22世纪建筑工地上的工人，重庆
摄影：作者，2013年

是带有周期性的临时工。这源于在农闲季节时，他们有足够的空闲时间去充当建筑工地上的劳动力。这种现象导致了非专业的低技术水平工人们肩负着建筑工地上的主要建设力，他们工作的时间有限，一个项目完成之后会转移到另外一个城市，或者回到家乡，回到自己的家庭，或者自己的田地上去。

这些农民工还必须申请临时居住证，否则不能合法地长期住在城市里。根据老旧的法律条款，他们的农村户口极大程度上受限于出生地。这种法规能一直追溯到四千年前的夏朝。经过了这么多世纪，也仅仅发生了细微的变化。即使中华人民共和国在1949年成立之后，这些法规也得以延续下来，通过正式决议，成为家庭户口政策的准则，用来规范城市与农村之间的人口迁移，从而能够管理和掌控整个社会。其结果就是，如果一个农民工想在城市里工作，需要完成一系列繁琐的手续，这实际上大大增加了迁移的难度。[1]同理，这也限制着从一个省份向另一个省份的迁移。

如果政府放开对农村人口迁入城市的规定，结果有可能会出现大规模人口迁移的失控局面，从而导致公共服务设施超负荷运转，同时也会损害农村的经济利益。这项法规的存在就是为了预防这一局面的出现，及其对城市现状带来的不利影响。废除这项法规的呼声一直没有停止，但直到现在，它依旧成立，加剧了农村和城市之间的差距。[2]

农民工如果没有合法居住在城市的条件，就无法和建筑公司签订正式合同。结果就是4500万的工人都没有一个真正有效的合同。[3]这个数据代表着将近90%[4]的城市建设劳动力。[5]成百上千万人从农村来到城市，拿着低工资，而且只受到非常边缘化的劳动法保护。

每当他们被另外一个工地项目招工的时候，一个新的循环就开始了。他们重新开始在另一个工地上工作一段有限的时间，而且一般都在建筑建成并且通过审核之后才能拿到工资。

在这种不大合法的条件下，工人们的权益也得不到保障。截至2007年，中国一共完成了超过12.4万个建筑项目，而拖欠的工资总数达到221.4亿欧元。

建筑公司一直在催促这些不专业、不合法，又没有拿到工资的劳动力不断加快建设进度。所以细节自然而然就被忽略了，设计项目也根据最简便快捷的施工方法进行改动，以便完成任务之后向建筑公司索要报酬。总的来说，这导致了建设水平的低下，以及施工完成之后和设计极不相符的结果。

建造的过程完全无法控制

这个过程确实非常累。设计你可以自己控制，但是建造的过程没办法完全自己控制。［陆文宇］

在施工开始之前，一个项目的设计阶段一般只有几周。这么短的时间内无法完成面面俱到的设计。而在施工周期内，一个设计会被反复修改，以便符合规范要求；有时候设计会被改动得面目全非。

施工周期有可能缩短到实际所需时间的三分之一；施工方在这么短的时间内无法根据最新技术升级自己的施工工艺。他们用自己固有的一套方法去施工，以便加快进度，减少开支。

在设计阶段影响运营质量的因素还包括设计中出现的失误。施工监管人员和承包商得不到足够的设计信息；施工图的细节缺失也是重要因素之一。

承包商是不参与设计阶段的，这导致施工阶段和设计人员之间缺乏交流和反馈信息。其结果就是设计团队和施工团队步调不一致，从而出现种种问题，很大程度上影响了设计图纸的质量，以及各个配套设计团队之间的协调。

设计团队和施工团队之间出现的断层可能导致施工结果的重大变化，其原因包括设计项目信息的缺失，以及设计图纸的可建性。[6]相当一部分的设计是在施工现场才决定的，这也是设计出现失误的主要原因之一。

沟通不当的现象还出现在设计阶段。建筑设计和结构设计领域是分开的，[7]每个团队都只负责各自的部分，缺乏相关设计信息的必要交流，[8]因此也导致不同学科之间无法匹配。

大部分设计院都是国有的，在这里国家盈利、公司盈利和私人盈利长期处于不平衡的状态中。这一体系所采用的完全责任分离制度很大程度上阻碍了雇员对设计阶段的整体把握，也会降低他们感知建筑设计水平和品质的敏感程度。

包容不完美

但是如果你对于整体空间水平、整体形态、整体概念进行掌控，如果这个概念能够延续下来，那么你就应该学会去包容这种不完美，并且把这种不完美的状态适应到你的概念和设计中。［张轲］

1
From politics to health policies: why they' re in trouble. The Star (South Africa), HighBeam Research, highbeam.com, 2015.

2
Chan, Kam Wing; Buckingham, Will. *Is China Abolishing the Hukou System?* China Quarterly, 2008

3
Analysis and Commentary, China' s construction workers left behind, China Labour Bulletin, www.clb.org.hk, 2014

4
All China Federation of Trade Unions Survey Shows Migrant Construction Workers Face Six Large Difficulties, China Industrial Daily New, 2004.

5
Cockrell, Cathy, *The second-class workers behind China' s urban construction boom. A sociology grad student researches a vulnerable migrant labor force in a rising world power,* UC Berkley News, berkeley.edu, 2008.

6
Li, Yue Furusake; Shuzo, Kaneta, Takashi, Saito, Takashi; Yoshida, Yoshimasa; Park, Hyeong Geun. *Quality management through construction process in China, Proceedings of the 21st International Symposium on Automation and Robotics in Construction.* ISARC, 2004.

7
Wang, Yuhong, *Coordination Issues in Chinese Large Building Project.* Journal of Management in Engineer, ASCE American Society of Civil Engineers, 2000

8
Pheng, Low Sui; Christopher H., *Cross-cultural Project management for international construction in China.* Journal of project management Vol.18, 2000.

南锣鼓巷维修工地上的建筑工人，北京
摄影：作者，2013年

由北京市建筑设计研究院有限公司设计的凤凰国际传媒中心工地上的建筑工人，北京
摄影：作者，2013年

不像某些高知名度、高曝光率的设计项目，比如央视大楼和奥运会的几个场馆，它们一般都有专业的技术工人和国外知名设计公司负责，实际上当今中国绝大多数已建成的项目都是由非专业的工人建设的。所以不论国内还是国外的建筑师在这种条件下都感到束手无策，建筑也成了在设计理念和施工期间所做的各种妥协、退让的共同产物。

根据各自不同的倾向，如今正在实践的建筑师可以分为两个派别：一种是不愿意妥协，在每个项目上不计后果地投入大量精力只为掌控全局；另外一种则接受现实，理解并想办法解决在项目阶段以及施工阶段出现的各种问题，创造出反映现实的建筑。整个过程中遇到的各种困难都可以转化为优势，也能表达出现实状况，比如，利用粗糙的材料和低技术水平建设的表现力，来取代刻意追求精致细节的做法。这些建筑师把关注的焦点从创造“纯净”的建筑外观转化为材料性的形式表达上来。

没有足够的时间做计算

真正倒塌的楼房很少很少……可能说明结构其实过于坚固了。因为他们没有足够的时间做计算，所以就过度加固所有的结构。……其实真正的问题一般不在于是否会倒塌，而是施工技术、防水问题。用错的或者低质量的材料使建筑寿命变得非常短。[李虎]

媒体上总会出现豆腐渣工程倒塌的图片，一般都是经过地震之后，暴露出地基不稳固或者建设质量等问题。[9]然而，这些插曲的背后，一个更普遍，但是更隐蔽的现象存在于每一个城市、每一个省份和每一种类型的建筑里。建筑结构规范进一步推进更快的建设速度和更稳固的结构计算。跟这些新闻报道相反的是，主流做法其实是过度加固结构。实际上，中国的结构工程师们在设计结构的过程中倾向于过度谨慎，在混凝土里加固的钢筋用量上绝不吝啬。并不是所有的城市中建筑都面临倒塌的风险。而真正的问题存在于低质量的装修材料和完成细节里。一般装修工程在建筑出售之后才会开始进行。建筑的预计寿命本来就不长，相对应的，房屋产权也不是永久的，所以很少会有户主愿意重新装修一个受损的房屋。

品质的缺失体现在室内和室外最终完成材料上。不幸的是，建筑师和设计师们在最终完成阶段基本上没有话语权。他们的设计是要经过“国有设计院”的资质审核的，一般这个过程只注重是否符合结构规范。所以设计阶段也将注意力集中在符合这些规范上，以便一次通过，这样才能减少开支，避免二次设计。

需要重建

很多东西可能十年之后就需要重建，因为问题太多已经不能再用了。[李虎]

大部分住宅开发商在卖房子的时候，建筑还只是一个混凝土盒子，而装修是业主自己的任务，由他们自己决定其喜好。建筑师是被束缚着的：开发商不愿意扩大自己的责任范围，在很快就会改变的工程中去投资。土地租赁制度意味着重新建一座新楼远比花长时间、大价钱的整修要来得划算。低质量的施工导致人们在日常生活中必须不断地去维修、解决各种问题。

在建成并闲置多年之后，这些建筑才会慢慢开始投入使用，人们才会慢慢入住。对于很多建筑师们来说，这是一个重新审视这些投资性质建筑的机会，为当下设计、为不久的将来的设计思路提供了新的可能性。

这一代建筑师们现在面临的机遇，是如何接手这类型的建筑，然后重新考虑怎样适应当今社会功能以及未来可能出现的新功能的能力。

9
Sichuan 2008: A disaster on an immense scale. BBC News, Science & Environment 2013

北京四中房山校区建筑工地外的工人，北京
摄影：作者，2013年

由北京市建筑设计研究院有限公司设计的凤凰国际传媒中心工地上的建筑工人，北京
摄影：作者，2013年

万科
Fun City 长阳半岛
北京四中 北京小学
红黄蓝幼儿园

M-07 5.17

由北京市建筑设计研究院有限公司设计的凤凰国际传媒中心工地上的建筑工人，北京
摄影：作者，2013年

由实践推动

由实践推动

处理实际问题

在过去学校总是很前卫的，学校才是超越实践的新想法的诞生地。而现在正好相反，在某种程度上学校已经落后了，而实践则非常前卫，因为我们更多地是在前线处理实际问题，提出新策略。［李虎］

学校一直被认为是一个产生知识碰撞、概念创新的平台。实践无法探索的未知事物在学校中有可能被实现，因为学校的目的就是在自己的领域内不断扩大探索的范围，起到先锋作用，推进设计和研究。

但在现实情况中，这种设定不再成立。现实社会中的实践活动曾经一度极为保守、传统，而现在的情况则正好相反。就像20世纪初的预言家们所预测的，或者欧洲70年代亲自试验过的一样，将现实转变为一块“空白的画布”，来作为各种理论的主要试验场。

现实中总是呈现出各种不可预测的状况和问题，在理论研究领域是根本无法想象的。正因如此，现今的实践活动才是真正引领探索试验、理论研究以及新型建

“连接性与密度”
人行天桥与高楼和购物中心相连接
摄影：作者，2014年

处理实际问题
显然你可以为所欲为
特有的密度

电子城
领先的
Bank
中国
CHINA
无需
坐享租
执法

人行天桥，西安
摄影：作者，2014年

筑，为当下所存在的问题提供解决方案、满足社会需求的主角。

跟什么去产生对话?

不同高度的房屋，方的圆的、红的黑的、欧式的或者中式的建筑物，所有都混杂在一起。所以什么才是你的设计参考，你又该跟什么去产生对话？［齐欣］

都市建筑景观很大程度上是由五花八门的建筑语汇共同构成的。传统、现代、高技派，理性主义纯粹的外形、简洁的建筑，和繁琐夸张的后现代风格建筑并存。建筑高度和其所处位置的不相协调，建筑类型复杂多样的分离性及各种另辟蹊径的解决方案，都是存在的问题。

在这样的城市中试图去区分市中心和郊区是没有必要的；城市固有的历史中心和新建区域的肌理之间的区别也模糊不清，因为已经没有历史层层沉淀的记忆遗留下来去产生联系，来解读这个城市。建筑的年代和所采用的建筑语汇缺乏连贯性，这使得建筑在不同风格中能够随意转换。

城市的环境短暂、脆弱而易变，文脉已经不再是设计的主导，环境也不再用作设计的参考。不同文脉之间充满了矛盾性，而且处于不断变化的状态中。这些都大大增加了环境的复杂性，也使得建筑试验的各方面可能性呈指数增长。

建好两年之后就被拆了

我们有一段非常不好的经历。我们在深圳的第一个方案……建好两年之后就被拆了。……这才是真正的速度！这是真正可能发生的事情。……我们本来认为一栋建筑可以长久地存在，至少上百年。但现在看起来可能四到六年都不到。［刘晓都］

建筑设计实践总是徘徊在理论的边缘，正好可以当作恰当的背景设定，来从不同的角度去对现存理论的发展过程进行验证。实践影响着未来的不同可能性，通过对一个场地的潜力进行开发，挑战其对未来景象的预测，从而推动新的实践。[1]

一个新城，或者部分新城的设计可以建立在没有任何现存建筑或者居住人口的基础上；没有任何已经确立的特征，设计也没有任何参考来进行比较。这就产生了问题：怎样才能创造出能够产生意义的建筑?

建筑总是在试图解决一个城市空间中出现的问题，为其不确定性提出解决方案。放眼望去，当今的城市，各种非永久性元素、完全接受和探索各种可能性的高度自由，以及将现存问题直接放到实践中去加以考验的做法挑战着城市的正常发展。不像永久性建筑，这些临时性的建设项目很有可能从另一个角度创造出耐久建筑的新型构成方式，而且也会不可避免地对临时性建筑与固有的城市空间之间的动态平衡产生影响。建筑，在这种非永久性的状态中真的能够存活下来吗?

两年跟三十年又有什么区别?

很有可能会在两年、十年、三十年之后拆除。那我们就开始思考：两年跟三十年又有什么区别？［刘晓都］

当时间和文脉交汇时会发生什么是无从知晓的，这个融合过程的结果我们无法预测。非永久性建筑的实践看起来和节省能源、可持续的概念互相矛盾，但是实际经验告诉我们，结果恰恰相反。对于未来的规划并不可靠，新建成的建筑也很有可能比预期更快地废弃掉。在风格杂糅又变化莫测的都市环境中，那种必须和某种真实长久存在的事物产生关联的需求已经不存在了。

临时性建筑能够展示出具有教育意义的试验性机遇，能够自由地将使用者及周边环境直接带入其中，来探索和考验存在的主要问题。它特有的临时性空间构成也可以发展出更多不同的形式，这也是永久性建筑无法实现的。这必定会为理解和设想新的建设形式打开更多的可能。这一过程最有趣的就是，我们的设计可以在一段时间内对空间的功能作出临时性的转变、改进、中断、忽略或者重新演绎。一个项目可以消失，但是它所处的空间被永久地改变了。

临时性的干预做法或许可以为怎样不断改变或者重新利用建筑空间提供新思路。临时性就像探索无限可能的催化剂，促使“改变”这一过程由临时变为永恒。

应该去试验

我们处在当今这个时代，就应该去试验。如果我们只做正确的事情，所谓的“好”的事情，那么30年之后我们只不过是得到另外一个曼哈顿。［马岩松］

如果这些实践曾经受到过另一种不同的、更具有批判性的试验手法的影响，现在的结果也会有所不同。所以单纯借鉴美国曼哈顿的城市网路，对其加以利用和改进是

1
Lehtovuori, Panu. Temporary uses and place- based development. Theory and cases. Tampere University of Technology Kaupunkifoorumi, Salo, 2013

人行天桥，香港
摄影：作者，2013年

不够的，更重要的是要趋于追寻原创性，对西方已有的经验进行适度的排斥，以产生与主流做法有所不同的独特性、唯一性。
文化观念在当下已经不再适用了，所以为了寻找什么才是真正适合东方的方法，建筑师们必须利用一种更偏西化的策略来另辟蹊径。

没有那么保守

亚洲人与欧洲或是西方人最大的不同就是我们相比较而言没有那么保守。……所有人都期待着新鲜、不一样的事物。从这方面来说，我们对于未来与生活的期望是有差别的。［齐欣］

人造物总是需要维护的，因为它会随着时间流逝而衰败，需要替换掉。一切都在变化，使用的材料也会过时。所以不断的更新材料带来的后果是时间不会在物质层面上留下痕迹。建筑材料更像是个过客，持续的更新换代意味着人们对新事物已经见怪不怪了。人们更希望看到改变，所以只有持续变化的状态才是唯一的常态。
与过去传统彻底的断裂意味着一个创造性的未来，这是西方文化中的典型态度。人们急切需要将传统和创新摆在对立面，以此来定义自我身份。
西方文化中，先锋派做法和传统做法互相矛盾的观点产生了意义深远的影响，同时也获得了优质的反馈信息，这种状态还会一直持续下去。然而，如果将这种做法带入东方文化中，其重要意义会立刻降低。这是因为在东方文化中，总会预先设定文化的进步是一种持续不断的线性进程，与过去的关系是互相依赖的。

显然你可以为所欲为

基本上中国的每一个城市都是一个巨大的谜团。……也许当你的建筑完成时，你的邻居却早已消失了！……没有任何的参考基础……显然你可以为所欲为。［齐欣］

如果我们试图去理解一个地方的文脉，结果很可能是这个地区被一种不断变化的建筑情境所环绕，文脉缺失或自相矛盾，或者各种不同建筑语汇像一本书中的不同语种一样被强行附加上去。在文学领域，正如路德维希·维特根斯坦（Ludwig Wittgenstein）提出的观点：一个词语的意义取决于上下文。根据这一说法，当上下文不存在的时候，这个词语就无法有效表达出含义。我们可以将词语的含义比作建筑的功能。那么当文脉不存在时，建筑的功能和含义是否也不存在了？

可以存在于任何地方

到处都灯火通明，人们在街上唱歌跳舞。但这种空间不只是那些经过精心设计和建造的都市空间，实际上它可以存在于任何地方；甚至在高架桥下面也可以。［齐欣］

没有经过设计的空间呈现出松散多样的状态，形成一种不断变化的肌理。都市生活不仅存在于预先精心设计好的公共空间中，而是在每个角落都有可能发生，产生无限的创意。城市的发展进程不可能从最开始就只由统一性作为主导，而是多种多样的不同元素层层叠加，既有可见的连接，也有不可见的内在关系。不同的等级层次变得难以识别；而另一方面，城市则展现出分散的多元化景象。同样的，过去和现在也不矛盾，而是共同存在于不同材料、风格中，充满生命力。
建筑是当今社会的表象。它具体根据不同元素、形象、空间和体量而变化。它与环境的变化产生互动，将这种变化消化吸收，正如在过去与自然的互动关系一样。在古代的东方文化中，建筑是对自然环境作出回应的表现，为室内外空间和形式产生视觉联系。今天的现代社会，自然被人文所取代，而人文观念是可以反复转变的，所以如何才能与这种新环境联系起来，最显而易见的手法就是利用它的影响来作为建筑设计的依据。

在欧洲或者美国是见不到的解决方案

多种功能综合地融为一体……垂直叠加起来的建筑类型，实际上能够提供新的解决方案，在欧洲或者美国是见不到的。［严迅奇］

在欧洲，现代城市发展进程非常微妙；几乎察觉不到都市结构的变化。这种变化是通过在现有的城市体系上逐渐层层叠加新事物慢慢产生的，建筑由最开始的两三层逐渐加高，一直到出现了塔楼和摩天大厦。而传统的中国城镇中单层房屋所采用的材料和技术是无法逐渐过渡到现代化的；传统直接被现代化所取代，而不是进行转变，也不是共存。
在亚洲，现有的体系是全新的。建筑的革新会造成新问题，也会刺激形成新的解决方案，产生新的体系和类型，这在西方实践中是不可能发生的。

建筑外立面的设备，厂房建筑，西安
摄影：作者，2015年

英皇栢麗地產
代理有限公司
King's Park Lane

北京、上海、香港、西安人行天桥
摄影：作者，2013-2015年

特有的密度

我们能提供的是如何处理尺度和密度。我认为这是中国从它的大量人口和城市化进程中继承下来的。大量的人口，需要大量的空间生活、工作、学习，对吧？中国的问题不是像上海这种某个特定城市的密度问题，而是整个国家的密度。［刘宇扬］

在西方国家，城市的密度要高得多。在米兰，密度为每平方公里7250人，而上海是3750人，仅占一半。同时，上海最高楼的高度居世界第四，仅次于迪拜、香港和纽约。[2]
所以在亚洲，尤其是在中国大陆的主要城市，它们的密度十分特别。高密度只集中出现在几个特定的地点，而城市的绝大部分平均密度并不高。

连通性的文化

跟密度相辅相成的是连通性的文化，如果没有城市内部完整的连通，密度是没用的。换句话说，建筑物不是独立存在的，公共空间、私密空间之间也没有明显的分界。［严迅奇］

高密度出现的同时，随之而来的问题还包括交通拥堵，以及不够充足的后勤和服务设施。为了运转通畅，必须同时有高度连通性的存在，这样才能满足通勤、高密度的人口和货物运输的需求。这种空间上的连接方式可以看作是一种比较新颖的解决方案，能够极大程度激发新的类型和功能，香港就是最好的证明。
建筑上对于高度连通性的设计还处于初级的不确定阶段。这种不确定性是把双刃剑，既可能妨碍建筑师的设计，也可能除去他们身上的束缚。现有的建设速度已经改变了项目设计手法，所以其挑战也由原来单纯的提升建筑品质转变为怎样开发出新的创造建筑的手段。

2
Calculated Average Height of the Ten Tallest buildings and towers of each city, CAHTT Ultrapolis-Project.com, 2014

多功能建筑，不同楼层相连，公共区域、商店以及住宅一起成为一个独特而充满活力的实体
摄影：作者，2015年

FASHION
OPEN
盛世电影城
潮品美食城负一层
速驰
淘乐·潮品汇

视觉震撼力

视觉震撼力

在20世纪初，欧洲人曾经感到很迷茫。路要怎样走还不确定，但是新的科技创造，比如拍摄技术、电影，种种科学进步打开了无数在以前根本无法想象的可能。批判美学的焦点则转移到了象征主义及其语义上来。“艺术意味着什么”这个问题取代了“什么是艺术”，将艺术置于多种表现手法、无法预测的含义及传播媒介中。中国在过去的30年里不断吸收西方各种现代化试验的精华。在今天的亚洲，相同的问题又再次被提起，只是焦点由艺术转向了建筑，“什么是建筑”这个问题也被“建筑意味着什么”所取代。

根本不适合居住

那种宏伟的空间和巨大的体量，根本不适合居住，它们仅仅是纪念性建筑而已。[张永和]

在20世纪六七十年代，仅有屈指可数的几座非常重要或者具有代表性的建筑需要考虑视觉震撼力。然而近年来，纵观建筑领域，人们对建筑外观所给予的重视

扎哈·哈迪德的银河SOHO为背景，前景为低收入家庭住宅
摄影：作者，2013年

GALAXY SOHO
D24
根本不适合居住
标志性效应
每个人都想当明星

上海莫干山路M50创意园旁边带着“皇冠”的符号性高层住宅
摄影：作者，2011年

程度达到了前所未有的高度。
建筑的可见度已经变成了最主要的目标之一，而对周边环境和功能的考虑则要为其让步。地标性建筑充满特点的形象，能对其周边的领域、人口及媒体造成巨大影响。人们主要利用建筑具有表现力的标志性外观，而忽略了很多其他特性。

1
Gaubatz, Piper. *China' s urban transformation: patterns and processes of morphological change in Beijing, Shanghai and Guangzhou.* Urban Studies, 1999

客户不同
客户不同。在中国基本上客户都是政府或者开发商。[李晓东]

中国建筑市场的主要客户是大型公司，而像西方一样的私人客户很少，所以要求也不尽相同。私人住宅设计几乎很难见到，事实上，这种私宅只是安插在大型项目中，用来体现其对不同尺度概念的理解，甚至往往只表现在总平面图中。客户和开发商们更倾向于往大了想，从城市层面的尺度加以考虑。

当然房地产市场存在着巨大的泡沫
这是个财政和经济的问题，因为我们需要理解资金的来源。中国多年以来都没有良好的投资渠道，所以过去30年里人们唯一的选择就是投资房地产和城市开发。……所以当然房地产市场存在着巨大的泡沫。[刘宇扬]

人们投资不动产。之所以这么做的原因是过去30年来再没有其他的投资渠道，但是现在随着更加开放的市场，终于有了其他机会。由于其自身特性，市政投资建设的新城多年来都鲜有居民，随着时间推移渐渐废弃。其后果为，建成之初没有人居住，而在多年以后才投入使用。这影响着建造的方式，以及建筑细部的完成度。只有在地铁建成、公共服务设施跟上来以后，这些地方的人气才会慢慢聚集起来。
建筑设计公司则意识到了外观的重要性，它能使这些新建城市从周边区域脱颖而出，以便吸引投资商。他们需要找到一个能将楼房卖出去的理由。2000年初的“一城九镇”项目就是这种试验性项目的典范。这些大面积的住宅区由极具特点的不同街区、国外特殊的建筑风格主题作为定位，凸显一种显赫的生活方式和异国情调，来刺激人们投资。[1]

遗失了缜密的肌理
中国许多新区……已经遗失了那种缜密的肌理和最优化的密度，而这些才是使城市充满活力、顺利运作的基础。[严迅奇]

一般意义上来说，比起新加坡、东京、巴黎或米兰，中国城市的密度还远远不够。像深圳、上海、广州这些城市，不难见到高层建筑，但是它们的存在和土地最大化利用并没有直接关系。它们产生的原因由对空间的多功能利用和增加土地使用的可能性转变为单纯地为城市天际线增加一道痕迹。焦点由内部转移到外观，把视觉震撼力放到首位。

表面的形式甚至变成了最首要的关注点
我们现在在实践中可以发现一种变化。我觉得我们越来越关注表面形式。表面的形式甚至变成了最首要的关注点，而不是由场地的氛围和建筑的内容所推理出来的结果。[刘家琨]

具有城市尺度的项目一般是建筑综合体，由很多高层组成，而忽略了与传统城市的比例，它们是符号性的象征物体，塑造一个城市的特征并给它的周边带来各种影响，而只有部分空间真正服务于使用者。这些建筑不是为了宜居性而建造的，而是为了视觉而打造，蕴含着中国成功崛起的意义，从功能和实用性上都与传统建筑不在同一层面。
这样的地标性建筑，其本意是自身的强大影响力，意味着由单纯的建筑上升到通过它来解读城市发展所传达出的信息。
创造符号性建筑的策略有很多：纯粹的体量、模仿某种具体物件的新奇建筑、或是“异想天开”的反重力结构（impossible-structure），以及挑战传统建筑思维模式中紧凑的空间构成，利用在建筑中间开洞等手法改变其构造而脱离地面等。通过展示外露结构给建筑表面带来一种极端的装饰效果，或者不断挑战新高度、挑战不可能性，使周围一切黯然失色等，这些策略在世界各地都有广泛应用，比如印度、北非，在欧洲也时有发生。但在中国，这些策略展示出的原创性特点是，大量使用传统的物件作为参考，创造一种象征性的风格，而且几乎是丝毫不差地放大这些传统元素的细节，将其作为特征来定义一个建筑的身份。

“高度的神话”
由Pieter Bruegel于1563年的画作*巴别塔*，以及1999年由SOM设计的上海金茂大厦拼接而成
图片来源：作者, 2012年

341

北京、上海、西安等地符号性建筑

2012~2015年

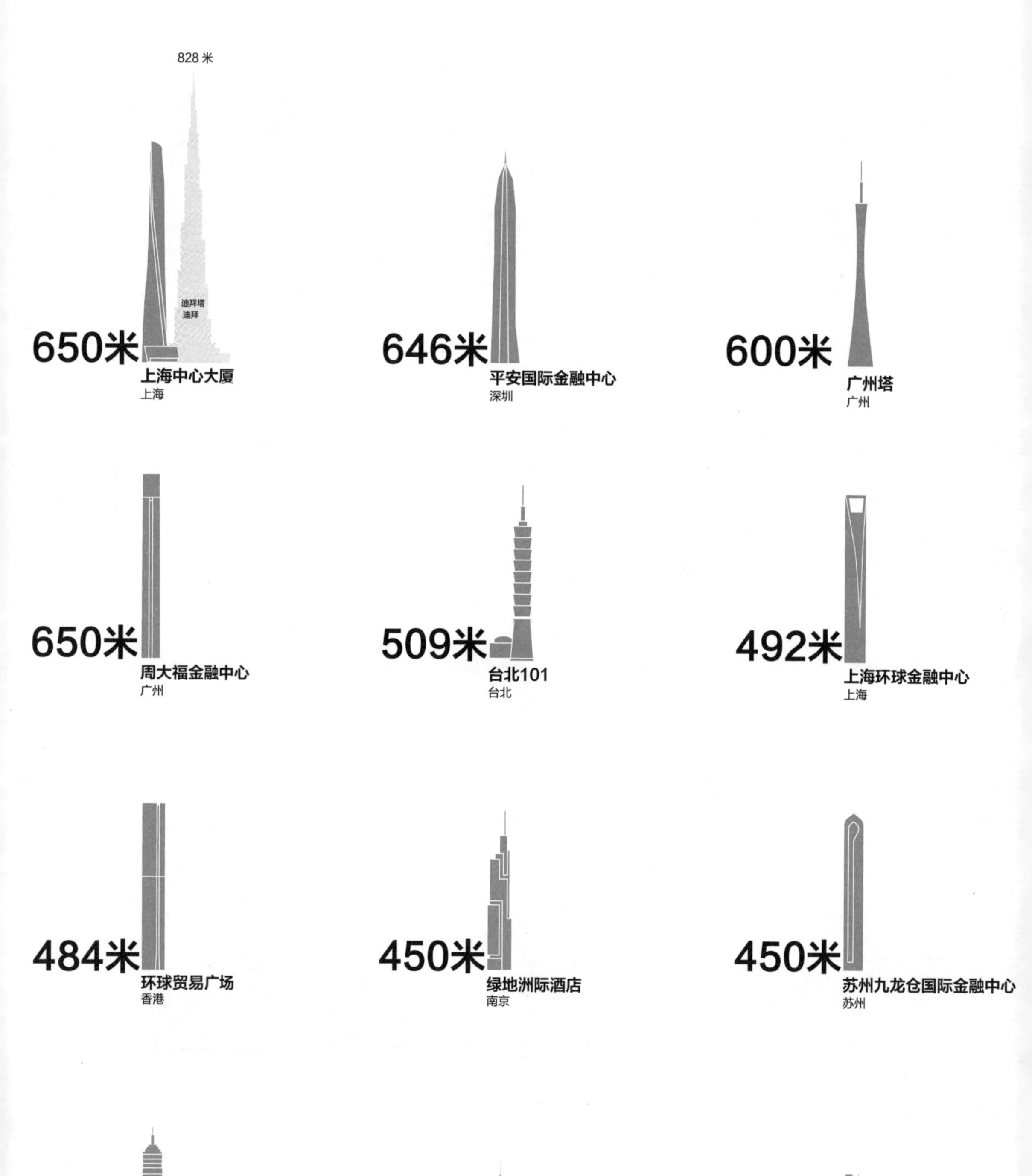
828 米
迪拜塔
迪拜
650米
上海中心大厦
上海
646米
平安国际金融中心
深圳
600米
广州塔
广州
650米
周大福金融中心
广州
509米
台北101
台北
492米
上海环球金融中心
上海
484米
环球贸易广场
香港
450米
绿地洲际酒店
南京
450米
苏州九龙仓国际金融中心
苏州

421米
金茂大厦
上海

331米
民生银行
武汉

298米
港岛东中心
香港

2
James Saywell, *Presence: The Architecture of Rocco Design*, MCCM Creations, 2012

3
Xue, Charlie QL. *Building a revolution: Chinese architecture since 1980*. Vol. 1. Hong Kong University Press, 2005.

4
Ruan, Xing. *Accidental affinities: American beaux-arts in twentieth-century Chinese architectural education and practice*. The Journal of the Society of Architectural Historians, 2002.

5
Sklair, Leslie. *Iconic architecture and the culture-ideology of consumerism*. Theory, Culture & Society. 2010

用现代的手法诠释

从过去汲取精华，用现代的手法诠释出来，创造出一个很独特的实体。……这才是传统的输出，将灵感转变成在空间、功能层面都很有意义的建筑，这自然会带来自我身份的定位。［严迅奇］

用一个纯粹的物件作造型，能解决外观的问题，给出空间的具体特征，并且能够为室内空间组织布局带来灵感。
为了把这种大型建筑物跟传统文化联系起来，需要采用一种用外部造型来定义内部空间的语汇。传统遗产在今天被用作为激发灵感的工具，并且根据当今现状转化成为一段独特的篇章。
这些传统物件变成了建筑设计的灵感来源，作为准则来指导功能和空间组织。“基于传统物件的身份定位”的建筑设计手段就是来源于这种将物件转译为空间的过程。[2]

标志性效应

现在的原因是摩天楼的外观原因，因为它们的标志性效应。［李晓东］

如果我们研究东方的象形文字，就不难理解以符号作为基础这一理念了。每一个标志都描绘出一个特定的景象，再和表意的符号结合起来，共同传递信息。传统文学和艺术也一样，它们并非建立在对现实进行精准的科学描述上，而是通过象征性符号来对现实这一主题进行理想化的表达。
在中国建筑历史上，对建筑所赋予的含义长久以来都伴随着文化的发展：古代传统、前现代主义、后现代主义，以及批判性地域主义。无论经历怎样的时代、风格、社会结构的变化，这些具有象征性的元素总是跟对现实的感知有紧密联系。[3]
而在西方建筑史中，建造技术的进步促成建筑的不同构成方式、尺度及高度的多样化发展。各种可能性成了区别不同建筑身份定义的工具；如此才能凸显其社会地位，展现人类的力量。
相反，在古代中国，从最普通的民房到皇室建筑，所有都采用了相似的结构，即由不同独立元素聚集而成的单层建筑。不同的屋顶外观展示着不同的社会等级以及户主的身份象征：屋顶的层数、装饰的精致程度，以及建筑结构细节的繁琐程度。
这种概念在当代中国也有延伸：今天的建筑构成大多数情况下都跟古代的类似，完全由规范和各种建设标准严格控制。所以在很大程度上，建筑外观的唯一个性化手段就是考虑屋顶的设计，其次是外立面。
拿离我们更近的例子来说，中国在得益于苏联的新现实主义时期之后，更确切地说，由政府邀请的苏联技术专家们建立了一种基于苏联学院派的“新式”建筑准则，之后一段时间内完成的建筑都偏好这种苏式风格，但更主要还是由代表中国文化的符号性物件所引导，加在各个建筑顶层，唤起类似庄严的紫禁城的回忆。建筑已经被用作是代表新社会组织的形象，由“民族形式、社会主义内容”这样的口号所定义。[4]

每个人都想当明星

就像现在的中国城市中，到处都有这样那样奇形怪状的建筑！（笑）这意味着它们已经失去了控制。为什么会失去控制？因为个体的自由度——人们可以作为个体来表达个性。每个人都想成为一个标志。每个人都想当明星！……所以人们一旦脱离了那种贫困的状态，就极度想表现个人自由，以此来“炫耀”自己的财富。［刘晓都］

过去30年间，是中国社会进行经济改革，社会结构经历变革，更加向西方开放的时代。这种开放的风潮表现在对美式后现代风格的采用上，用符号性的语汇象征着进步的历程，代表着它带来的繁荣昌盛。[5]
“海归学子”（Coming-back-students）和它们建立的小型事务所在近年来设计了很多项目，屡屡在西方展出并得到了广泛关注。他们不参加大型项目，比如世博会和奥运会场馆设计，而是在小型、实践性项目上下功夫，设计产量低，用途范围窄。这种建筑在西方的关注度才是最高的。这类建筑体现的是本土的特色，对文脉进行充分考虑，而且最主要的目的是反对建筑的批量生产，其自身便成为了一种反映批判的标志。

设计建筑表皮的自由度非常高

甲方能很开放地接受不同建筑风格，所以从某种意义上讲，中国建筑师能够在表面风格上大做文章。……中国建筑师在空间的设计上自由度很低，但他们设计建筑表皮的自由度却非常高。［张永和］

实际上，现实充满了矛盾性。建筑规范影响着项目设计，限制着建筑师的发挥。建

中国最高的建筑
来源：2014 CTBUH Research Seed Funding
图片来源：作者，2012年

筑体量的规定十分严格：高度、绿化率、服务设施数量，以及楼间距等。建筑师花大量的时间和精力去修改设计，仅仅是为了使建筑符合规范而作出妥协。这才是决定城市当今面貌的根本。

建筑师唯一能做的选择就是对外表面的设计，来塑造不同的建筑特征。客户也鼓励去探索不同的可能，来创造视觉震撼力，在这里他们能够自由地表达自我，通过外表赢得关注度。投资商督促着建筑师们对建筑外立面进行各种自由的试验，不追求创新，但要求好几种不同类型的审美方案，以便个性化建筑，也提高销售的可能性。[6]

建筑师们被这种力量束缚着，无法逃脱。对中国知识分子来说，当下的困境是怎样适应[7]现状，创造出对环境背景有所回应的建筑，在当下这一特殊的时期，找到积极利用这些限制来创造可能性的关键突破口。

6
Rowe, Peter G., and Seng Kuan. *Architectural encounters with essence and form in modern China*. MIT Press, 2004.

7
Marino Folin & MovingCities, *Ad-aptation*, Collateral events Venice Biennale, EMG · ART Foundation, 2014.

广州圆大厦
摄影：Joseph Di Pasquale, 2014年

北京盘古酒店
摄影：作者，2014年

IBM
祥龙献瑞

贴满瓷砖的建筑，北京
摄影：作者，2013年

非物质遗产

非物质遗产

破坏文化

这些建筑假装很老旧。这没有任何意义，而且恰恰破坏了文化。［朱锫］

当一个建筑毁于拆除、灾难，或者人为用途的时候，最简便的解决方案就是按照原样重建。而另一方面，用相同的传统建筑语汇重建的建筑却使历史的层层印记变得难以分辨。历史在建筑上遗留下来的痕迹带来的价值是无法重建的。

所以就出现了问题：当一个旧建筑倒下、新建筑建起的时候，应该怎么办？在这样的情况下怎样才能创造有意义的建筑？今天的中国所面临的问题，跟欧洲战后时期非常相似。1945年之后，建筑师们面临着大规模的从中世纪和文艺复兴时期留下的建筑残骸。他们被召集起来，在这些被毁的地区重建，修复这些被破坏的城市。那个时候他们所面临的选择是：要么按照传统重建，要么去探索新的现代语汇。

“私密的公共空间”
餐厅内部隔断
摄影：作者，2014年

布局几乎完全相同
文化构成
天人合一

打火机
ZIPPO
一层南区一街044-048
电话

购物中心里的小型摊位
摄影：作者

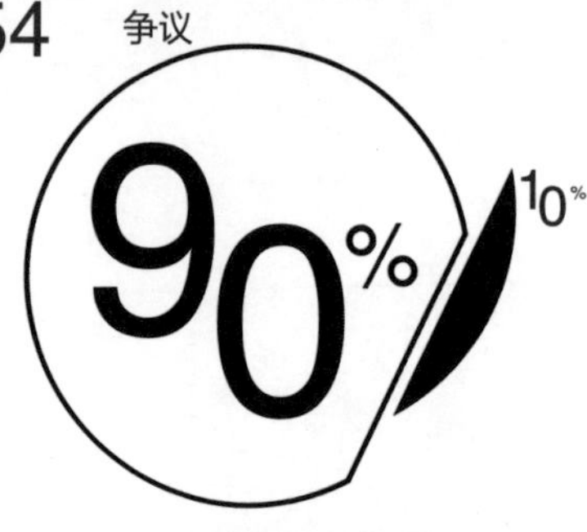

紫禁城

由
980个房间
组成
90%是空地

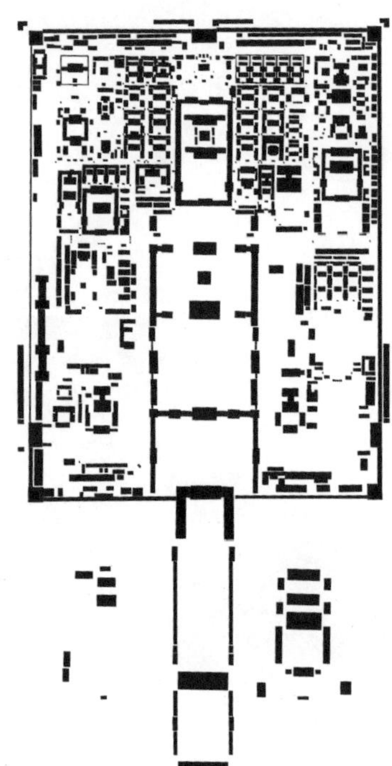

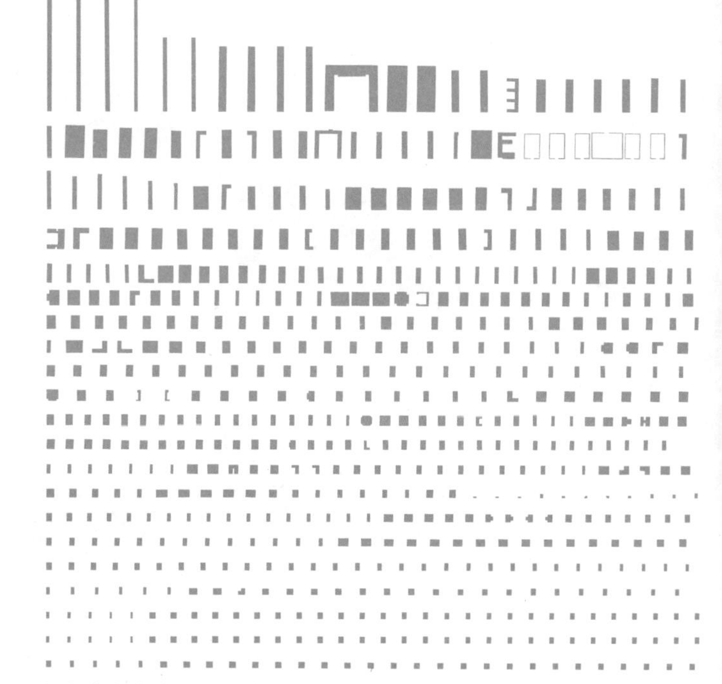

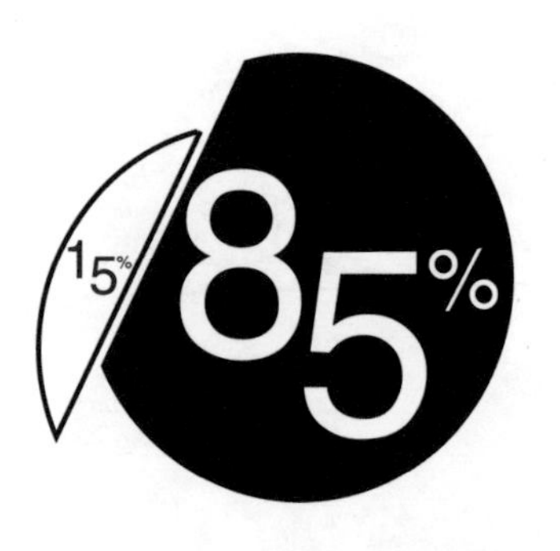

凡尔赛宫

由
4座建筑
组成
15%是空地

1
Slater, Leida. *1406 Establishments: Forbidden City*. CreateSpace Independent Publishing Platform, 2012

阐释中国人的心理

如何把我们的文化遗产用当代建筑来诠释？当你观察中国传统建筑，你知道这是中国的，因为它以一种特定的方式去阐释中国人的心理。［齐欣］

当代中国的建筑师更倾向于将古代的哲学智慧和传统建筑的特点与新项目结合起来，这样才能赋予新建筑一定的内涵。在经历了相当长的一段时间对自我文化根基的全面否定之后，建筑师们终于能够重新探索自己本民族的建筑和文化遗产来和当下产生联系。他们需要通过反思自身文化最深层次的含义，利用自己民族强大的文化底蕴来解决前所未有的问题。每个新项目都是重新巩固其文化组成部分的重要机会。建筑师们对过去进行深度的研究，探索出不同的解决方式，来挽救正在逝去的传统。他们所探寻的，是一种模式、一个出发点，以及空间的品质，或者在概念层面产生关联，所有这一切努力都是为了创造出自己独到的视角，来建立起如何传达信息、超越建筑的基本目的而赋予其更深层次意义的准则。

布局几乎完全相同

皇家宫殿的平面布局几乎与一般的庙宇完全相同，并且跟一般民众的住宅也很类似。［刘晓都］

在传统做法中有一个持久不变的特点，就是运用木材作结构。木结构的使用一直到上个世纪初才停止。主要原因之一是这种材料被视为具有生命力，代表着大自然中生命的意义，而与之相反的石材则蕴含着永恒之意，仅用于永久使用目的，比如墓地。这个特点一直持续到现代化的到来。因此，建筑的构成一直被长方体结构所限制，而建筑的尺度则由木材的长度所决定。
为了找到从材料和技术上相应的解决方案，产生了两种发明创造：一是为了分配重力荷载，并且弥补梁与梁之间距离的不足，而发明了“斗栱”这一建筑构件。这种带有装饰功能的结构构件的精湛技艺极大推进了建筑的发展，也将人们的注意力更多地转移到建筑的上半部分以及屋顶上。另一个是在建筑结构表面繁琐而精致的各式彩绘，这是为了使木材保存的时间更久，免受环境的侵蚀。
还有一个跟保护易受损结构相关的常用建筑手法，就是基座的运用。也就是将整座建筑置于一个平台之上，免受地面上升潮气的影响。在现代化到来之前，这些都是建筑学的准则。对于穷人和富人来说这些准则并无二致，而唯一的区分标准是对结构、装饰的重复使用程度及繁琐程度。建筑的模式和结构设定原则则一直保持不变。

我们不想把它做得很大

不是我们必须做得大，而是我们不想把它做得很大。……我们希望把建筑的体量分解开来。［陈屹峰］

显然世界上每个地区不同的文化流派都有各自不同的空间特点。为了分析这些基本特点，我们用同一时期不同文化的建筑空间构成作对比，在对权力的体现和象征意义上需处于同一水平。东西方文化中空间的构成方式其实是完全相互对立的。这里就用这两种文化中最具代表性的例子：北京的紫禁城和巴黎的凡尔赛宫作比较，实际上这两组建筑群的可比性在于它们所起到的代表性作用，它们在等级制度中的重要位置，以及尺度规模和有效面积。然而，抛开这些相似性不谈，我们不难看出两者最根本的区别是由这两个国家截然不同的文化所定义的。紫禁城由980个房间组成，[1]是由一个个独立的单元组合而成的综合性建筑群，而空地面积达到90%；相反，凡尔赛宫则仅由四座独立建筑构成，它们之间的空地不超过总面积的15%。紫禁城是一个个小建筑元素重复叠加的结果，它们聚集在一起定义出建筑空间。几乎所有的建筑都是单层小尺度的独立空间，才能留出足够的空地，这样的留白手法其实是建筑本身的重要构成特征，将其转变为实际的空间，精心的设计成为中式建筑结构中不可缺少的一部分。
我们在一些较近的实例中也能看到类似的小尺度元素的聚集。它们并非什么著名或者重要的例子，但是应用极其广泛且广受欢迎。当代公共建筑设施，如酒吧、饭店，运用到了相似的空间构成手法。这些特有的参考范例向我们展示出传统的印记是如何保留到今天的文化和设计中的。
卡拉OK，就是针对都市的高密度而产生的大型综合结构，其内部达到了最大化的空间重复利用，由一个个小的独立单元的重复叠加构成，产生了一种让人眩晕的迷宫般的空间效果。每个单间里都坐着相互熟悉的朋友，而这些独立的单元则为这样的聚会提供了私密性。这些小型空间串联起来，共同聚集形成了空间，对人们产生吸引力。这种独立功能的特点也同样出现在其他类型的现代空间组织形式中。网吧的内部就是这样组织的，每个电脑周围的空间都是一个独立的环境，造成一种特殊的

大尺度的对比
建筑的数量以及建成空间和空地的比率，以北京紫禁城和巴黎凡尔赛宫作比较
数据来源：stnn.cc
来源：第十四届威尼斯建筑双年展*基本法则，中国现状*一展，2014年
图片来源：作者

物理空间围合的错觉。实际上这种独特的室内空间反映出一种非物质性的最小尺度感。由物理隔断而限制的空间在这里不再存在，但是真正产生分界线的元素则是由电脑屏幕、耳机、椅子和注意力的集中单向性等技术手段隔绝起来的，给人一种私密、安全而温暖的感觉。人们不再和自己身边的人进行社交，而是在虚拟世界里将这个范围扩展到了全世界。
这样的空间里没有一个相对的中心，也没有人群聚集的公共区域。每个小尺度的空间被堆在一起，造成了一种整体统一的感觉，这样的实体从古至今屡见不鲜，能够满足各种功能、用途。这种矛盾的存在毫无疑问一直是中国以及亚洲的空间品质的一部分：一种由小尺度聚合而成的大体量，一种“中国式的大尺度”。

精神空间

除了功能角度，这个院子更是一种基于传统的精神空间，基于哲学观念中联系天、人的意识空间。所以结果就是，中国北方与南方的庭院类建筑并没有太大差别。……即使气候差异如此巨大，传统住宅也基本上没有变化。［刘晓都］

在现代化到来之前，全国所有的房屋类型都有几个共同特征。不管是古代还是近代，穷人家还是富人家，房屋布局的方式都非常类似。其他的相似性包括材料和建造技术，夯土的台基、木质结构，以及对砖瓦的使用方式。另外还有很多比较隐蔽的设计类型原则，比如朝向、对称的结构布局，全都是建立在非常传统的概念上的。
绝大多数发掘源于新石器时代的房屋都是长方形的，大门向南开。古老的周代（前1046~前249年）的房屋布局也建立在南北向的轴线上。最重要的空间在主轴线上逐一排布，次要空间则坐落在两边，由重要性和私密性排出空间的序列。民宅、寺庙和宫殿都是建立在相似的规划和设计原则上的。这种空间结构的安排由基于中国传统观念的社会、家庭和民族等级所决定。设计有可能由于气候条件或者地域性空间用途而不同，但是所有的一切都是和相同的原则以及文化元素相互关联的。
传统的民宅里，需要根据家庭成员各自的家庭地位安排其住所。一家之主住在最主要的房间里，一般都是在中间偏后的位置，而其他一些相对次要的东西厢房，则由子嗣居住。在全国绝大多数地方，这种等级制度长期存在，未经改变，而且演化成为一种更深更广的概念，与整个国家的文化统一相关联。这是深深扎根于从心理学的角度阐释空间的概念，强调使用者对空间的亲身体验。

文化构成

用到了文化的构成，在一个现代家庭里用来排辈分……每个人都有属于自己的独立私人庭院。所有人都生活在一个屋檐下，但不会打扰到彼此，仍然是一个家庭。因此在当代不同类型的建筑中，我们可以利用这些传统的空间做法来满足不同的要求，这种概念来源于我们的过去。或许这才是中国的（传统价值）。［严迅奇］

传统的建筑空间中一直沿用着一种存在了20多个世纪的体系。[2]拿传统四合院举例，就是基于家庭成员等级来划分高低，利用一系列的门和庭院来排列空间的构成。空间结构划分为四重庭院：第一重为入口，作为缓冲区域；第二重最重要、最奢华，最能代表一家之主的身份，也是其居住区域，同时用作家庭起居、待客空间；第三重为家庭成员所用；最后则是最私密的空间，一般给未出嫁的女子居住。空间的私密性也逐层增强。[3]
值得注意的是，私密性从古至今都一直和空间的重要性及其品质相关联。所有这些空间的用途决定了一种分散式布局的传统建筑手法，即重复使用模数化的空间并用空地将它们分隔开来。除去民国时期的建筑风格，我们可以在大量传统建筑中看到这一特点，而作为空间构成元素在上一代建筑师设计的现代建筑中卷土重来，在普通日常建筑中随处可见，也间接体现在现代主义的巨型结构中。

和西方人的观念有非常大的差异

从心理上都希望一个建筑有比较内向的需求。这也是中国人的传统心理需求，和西方人的观念是有非常大的差异。［陈屹峰］

在设计房屋、街区，甚至整个城市时，模数化元素的重复使用都一直与中心性以及公共空间的概念相对立。在西方的观念中，室外的公共空间并没有确定的唯一功能，而是为多种社会活动服务。而在古代中国，除了市场、交易场所之类的日常活动，这类公共空间的概念从未出现。儒家的哲学思想里，社会关系更注重较为私密的家庭关系，注重家庭观念和价值。
而如今，城市中的公共空间用途发生了改变；比如北京天安门广场，用于全国性的庆祝及纪念性活动，用来举办游行和庆祝假期的活动。而欧洲传统的城市中心则是

2
Qijun, Wang. *Ancient Chinese Architecture Vernacular dwellings.* Springer, 2000.

3
Dan, Li. *The Concept of "Oku" in Japanese and Chinese traditional paintings, gardens and architecture: A comparative study.* Graduate School of Human-Environment Studies, Kyushu University, 2009

卡拉OK
摄影：作者，2012年

网吧
摄影：Edoardo Giancola，2012年

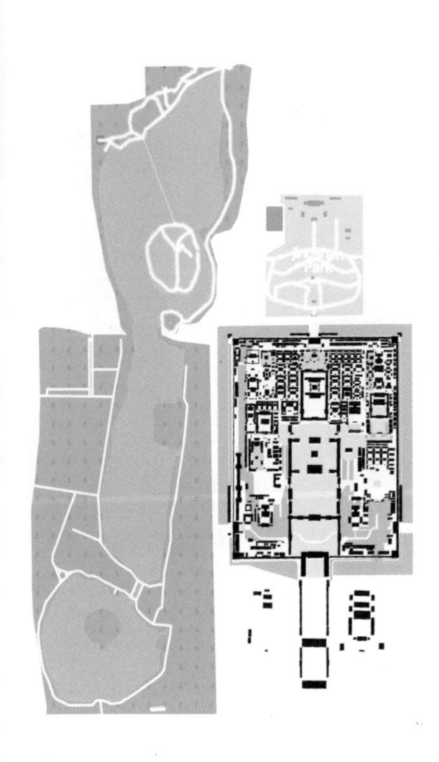

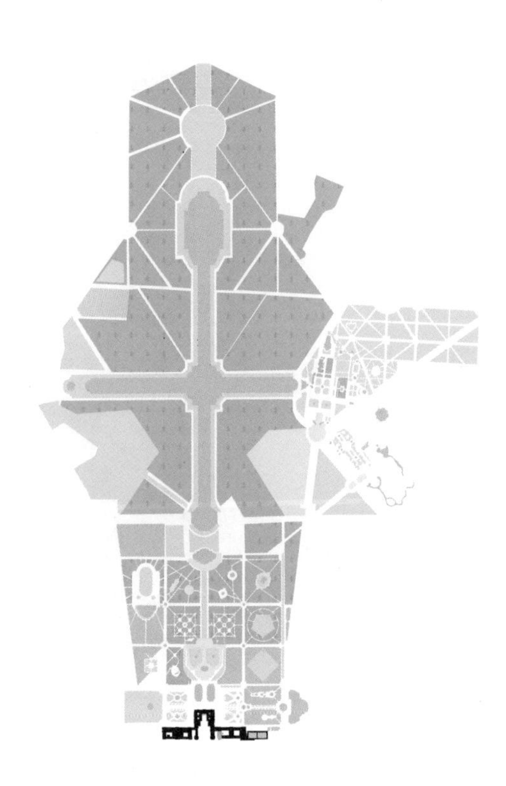

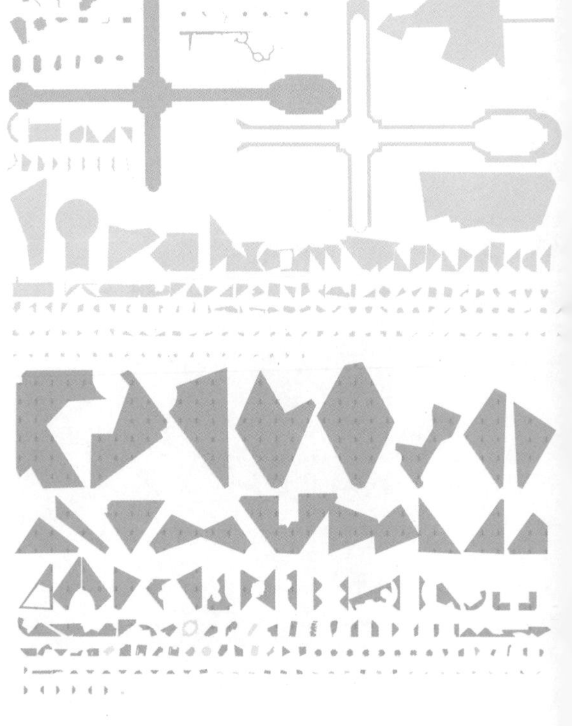

一块空白的场地，是用来举办论坛、集会的中央广场，吸引社交活动和贸易往来。中国的传统城市中心则被建筑体量占据，一般是皇家宫殿等重要性建筑，形成一种中心性，但这个场所并不能用作互相交流集会的地点，而是一种标志，一种绝对权威的代表。

尺度非常大

我们现在的理念仍然是中国的传统观念，是人与自然的和谐。……尺度变了，人也比以前多了，所以现在我们在做的时候，其实还是一个新的房子，尺度也非常大。［陆文宇］

由庭院式建筑构成的城市基本上都是单层的，人与自然环境的关系一目了然。而如今的现状却显示了自然的缺失；高层建筑颠覆了传统城市与建筑之间的尺度，也改变了自然和人造物的比例。大面积的绿化区域跟古代对自然的构想截然相反，古代人与自然的亲密关系是建立在理想化的山水景观上的，处处显示着对自然元素的崇敬。今天，无论有多少互不相符的角度，比如功能、用途、尺度以及材料的耐久度，传统城市和现代城市这两种截然不同的观念依旧共同存在于当今社会中。

树和山看起来越来越小

园林中有石、有树、有水，但这些都是（古代）人们精心安排设置的景象，只存在于想象中。……当建筑越做越大的时候，树和山就看起来越来越小了。［马岩松］

当代城市不再适合成群的小尺度独立建筑；相反，这些小尺度转移到了大型建筑综合体内部。没有这种小尺度的独立建筑，也就不存在它们和自然之间所建立的直接联系，而建筑师们需要想法设法将这种品质带入当代建筑中。传统意义上，理想化的自然能提供一种私密的体验，人们身处其中可以凝神注视，甚至冥想。园林中的“自然”是对野外环境的一种象征性的表达，是人工重建的景象，以便使建筑和自然和谐相处；类似的，现代都市景观也代表着户外空间以及自然的双重含义。而尺度的变化则通过放大自然元素的方式得以解决。对结构的深入研究使之成为可能，通过理想化的自然有机建筑综合体得以实现。但是不像他们的日本同行，如石上纯也、藤本壮介、平田晃久等人一样使用概念性的有机结构，中国建筑师们则用一种更为直观的纪实方式将自然理念带入建筑这一人造元素中，使用大尺度的有机造型，建筑作为一种巨型结构元素融入环境中。
建筑和环境之间和谐而又充满活力的平衡已经无可避免地被打破了。它的状态从单纯的对空间的诠释转变为一种建筑技术元素，代表着一种自然的形象，抑或是通过粗糙的建筑材料和质感重新唤起对自然的感知。

最后一次把自然和建筑联系起来

如果有建筑师能设计出“完美天光”，那也许是我们最后一次能把自然和建筑联系起来。这种人与自然的联系已经跟树木没有关系了，因为我们都住在高层里。［张永和］

唯一符合城市尺度的自然元素只有天空、湖泊和山。跟传统做法里运用天井将人的视线导向天空、避免四处张望一样，这种做法能将现代人的视线从城市中转移出来，重新通过天空与自然建立连接。

天人合一

所谓“天人合一”，意味着无论环境怎么改变，你都是会寻求一个院子而不仅仅是住高楼。［刘家琨］

在西方，人们将自然看作一个需要去理性研究、去征服的元素，这种思想可以一直追溯到从古希腊时期开始的对自然进行百科全书式研究的文化，之后在基督教盛行时期，也强调人定胜天的理念。人类一直作为自然的对立面出现。而在亚洲，则更注重对和谐的探索，反映在日常生活和技术创造的各个方面。天人合一这一思想就表达了人类世界和自然和谐统一的观念。
这种意识形态从根本上掌控着建筑中对自然元素的设计。西方的园林设计是作为建筑的附属，一般只有严格对称的几何形态布局，而中国和日本的传统中，园林则作为主体影响着建筑的排布，也反映出对自然的崇敬。不论是皇家园林还是私人宅院，所有的东方园林中都以有机的景观设计为主。
我们再用紫禁城和凡尔赛宫的花园作比较，就会发现结构构成的最根本区别。凡尔赛宫中的花园完全采用几何结构，用特定的人造形式使自然元素变得规则。相反，东方园林人为地模仿出自然状态和形象，因为这样能够重现理想化的自然之景。这里就凸显出两种文化之间最根本的区别。东方文化是建立在佛教、道教的哲学基础

“几何形状景观vs.人造自然景观”以巴黎凡尔赛宫和北京紫禁城作比较
来源：第十四届威尼斯建筑双年展*基本法则，中国现状一展*，2014年
图片来源：作者

上的，讲究人与自然的平衡，通过开放、流通的房屋将建筑（人）和园林（自然）联系起来。西方的观点则讲究人定胜天，人类需要遵循对自然的客观描述，用几何学、透视学等手段去控制自然，将自己置于自然之上。

一层又一层空间

不仅私密性更高，而且也符合，或者说折射出中国文人陶冶情操的理念，培养一个人内心世界的品质，而不是把一切都显露在外面。有时候你在外面看不出来什么，但如果你进入内部，就会对一层又一层空间的探索发现感到惊喜。［张轲］

小尺度建筑中的隐蔽空间需要进行亲身的探索，在充满惊喜的过程中刺激感官体验。“奥义”就表示着通过不同层次来对空间进行探索这层含义。这是一种有关私密性的深层次的抽象概念。这个概念包含了多重含义，暗示着事物背后充满了隐藏的玄机，鼓励人们去更深入地研究。槇文彦就曾通过研究古代日本村落，用这种传统概念去描述隐藏在聚合性建筑空间背后的独有特征。
这一概念在中式园林空间中显而易见。三重元素共同创造出不同深度的感受：小径、近景远景的层次，以及夹在每层之间的空间。这些理念作为传统元素在国画、园林、建筑中广泛使用，从感官上创造出不同的景深感。
国画中所采用的技巧在于写意，通过轻巧的笔触和留白，在可见的实景和不可见的虚无之间建立起联系，想象出不同的景象。与自然景色的融合深深扎根于中国传统山水画中。跟西方不同的是，中国山水画里不只有一个视点；每个部分都可以看作是一个独立的层次，而恰当的留白会消除不同层次之间的矛盾感，从这种多视点的山水画法中就能体会到不同的感官深度。
私密的空间会产生亲密、深远、神圣以及隐秘感，这种元素常见于中国和日本的绘画、园林和建筑设计中。传统中式园林更讲究曲径通幽，空间安排方式变幻莫测，时宽时窄，时大时小，时而开放，时而闭合，给游人带来丰富的体验，从不同深度进行感受。
同时，对于路径和层次的设计安排更进一步加强不同深度的感受，这体现在中国的私家园林中。以水系作为主导构成，建筑面对水的方向依次排开。这种水系的伸展也可以当作是园林中的路径。
传统山水画中，近景、中景、远景相互叠加，这一构成空间的方式也在园林设计中有所运用。有两类不同的层次：视觉层次，由水系、植被、石、窗、庭院和小径共同创造出一个环境氛围；实体层次，包括建筑、砖墙、假山等，对视线起遮挡和引导作用。一种用来感受，一种真实可触摸，两种不同的空间处理方式统一在一起，进一步加强对空间的感官享受。
“奥义”是一种单层空间序列的平面概念，这种概念与现代化来临时出现的三维空间，以及建筑不断上升的高度互相冲突。那么这个概念可能在垂直方向得以实现吗？如今的现状是，传统与现代之间的鸿沟，有意无意地冲击着这种传统理念在现代化过程中得以诠释的可能。[4]我们可以在购物中心等大型建筑中观察到这个概念的特点，用于移动的空间（路径）和用作停留的空间（不同层次）共同排列出室内空间的秩序，定义着内部结构。

自身的逻辑

“境”……（指的是）如何去筛选这个模式。也就是说当一个建筑处在一个没有任何文脉的场地里面的时候，它自身的逻辑是我们一定要研究的。……如果建筑周围没有任何文脉，我们就会考虑到传统，以及传统的做法。［陈屹峰］

中国负担着历史、哲学、文化的沉重包袱，同时也需要大量的建筑试验，尝试如何将传统概念融入当代都市中。
纵观曾经出现过的种种理论和实践，比如槇文彦等日本建筑师们通过尝试“集合形态”（Group Form）对新陈代谢主义作出贡献；在欧洲，比如阿尔多·凡·艾克（Aldo Van Eyck）、十次小组（Team X）等，都曾经试图重现迷宫式建筑村落的概念，同时激发着人们聚会的意愿和对私密性的追求，用来重树设计准则，重新给百花齐放的当代都市赋予意义。
和日本类似，中国建筑师在经历了“向西方学习”的过程之后，都重新回到研究传统特征的道路上来，以此作为当代建筑设计强有力的论据，填补了传统与现代建筑之间的空缺。在日本，这些特征成为了日本现代建筑的基础。对于传统特征的演绎，可以使建筑设计持续不断的发展，创造出更加深远的影响。

4
Dan, Li. The Concept of “Oku” in Japanese and Chinese traditional paintings, gardens and architecture: A comparative study. Graduate School of Human-Environment Studies, Kyushu University, 2009

“复制空间”
购物中心里的扶梯
摄影：作者，2014年

TESIRO

世界性
文化

世界性文化

利用不同的角度

我们得去不同的国家，接触不同的文化，利用不同的角度和参照物去理解事物。[李晓东]

学生们游历不同国家，探索不同文化，吸收不同的哲学理念和建筑设计手法。他们用自己的方式诠释在国外所见的建筑，采用他们过去不曾使用的通过文脉作为切入点的设计手法。
他们在国外获取一定的工作经验，西方工作室里的设计实践和自身的观念产生碰撞。当这些海外毕业生归来之时，他们的观念已经发生改变，而在祖国完全不同的设计环境中，他们又需要面对出现的新问题。
在取得海外实际经验后，他们会重新学习自己本国的历史，从一种不同的角度诠释自身文化，分析当今现状，探索突破创新的方法，也试图创造出有意义的解决方案，坚定自己的立场。

在建筑学领域我们还是学生

第十四届威尼斯建筑双年展*基本法则*，中国馆
摄影：Marco Cappelletti, 2014年

用当代手法把中国传统呈现出来
创造都市性的解决方案
世界性文化
Regeneration

在建筑学领域我们还算是学生，从很多方面来讲我们还在学习，通过国外的各种现有原型中学习。［李晓东］

“现代性”是一个纯粹的西方概念，它在建筑领域则是由沃尔特·格罗皮乌斯、弗兰克·劳埃德·赖特、密斯·凡德罗和勒·柯布西耶发起的。他们将社会的变革直接呈现在世人面前，并由现代建筑的角度转述出来，多亏了工业化给人类发展带来的根本性变革，提供了迈向全球化的先决条件。
在西方，现代性的形成所经历的时间更为长久，有更多机会去试验，最重要的是，能根据客观的反馈来检验其结果并改善解决方案和准则。
在中国，这个过程则要短得多。中国建筑业正在迅速消化西方上千年来缓慢形成的现代性。
中国当代建筑从一开始就以西方既有的现代性范例作为参考模板。这是这些非西方国家在面对现代性时的必经之路，对现有模式加以发挥、对现有概念进行吸收，而对他们自己的文化而言这些都是非常陌生的。
但是，在这几十年的过程中，所采用的现代主义原则是基于它们原有的西方文脉，与中国文化背景毫无关联；在引入西方的建筑范例之后，中国传统的合理延续性突然中断了。现代性的到来给整个建筑领域带来了彻底的转变。

用当代手法把中国传统呈现出来

（出国学习）比较好的一个方面，就是能够系统地从理论上重新对西方整个建筑学有比较全面的了解。各方面的信息都比在我们国内要掌握得多。但是在国内也有它的好处。作为我们事务所，包括我们现在一些价值观，我们从根本上还是想延续中国的传统，希望能在我们自己的建筑设计中能用当代的手法把中国的传统呈现出来。［陈屹峰］

很多在20世纪初开始实践的新一代建筑师们，都有共同的在美国或者欧洲高校留学的背景。他们的经验不仅限于知识或者理论，更包含了国外生活的经历。他们真正学到的，是如何深入研究建筑技术、社会以及文化的种种问题。回国之后，他们看待新事物的眼光更加开放，也注意到了和传统之间连续性的断裂。包括许多其他的约束和限制，这种混杂的局面将建筑师们置于一种迷茫的思维困境中。海归学子们在一定程度上感觉到脱离了祖国的现实，但同时也拥有更为宽阔的眼界。而那些完全在国内接受教育并且一直留在中国的建筑师们，对现状的感知更接近现实，所采用的手法也更技术性、更为实用，但由于缺乏不同现实中的生活经历，相对来说视野受到限制。
这样的建筑师圈子正在目睹着一轮新的建筑批判风潮的到来。

根本行不通

我回来的时候，每次接手一个新项目，都会去找各种不同比例的地图，去了解整个地域、城市、街道以及邻里的实际情况。但在中国这根本行不通。［齐欣］

留学生们所采用的国外学成的概念和中国现状显得格格不入。在国外行得通的观念在中国不一定成立，在西方学到的知识也不足以应对亚洲的设计实践。他们需要再一次经历对自己文化根基的挑战。每个人都通过自己特有的方式创造出联系东西方文化观念的手法。在充满了不确定性，同时多种意识形态并存的大环境

“海归学子”
中国新一代建筑师从欧洲和美国的顶级学校留学归来，开创自己的建筑实践
来源：第十四届威尼斯建筑双年展*基本法则，中国现状*一展，2014年
图片来源：作者

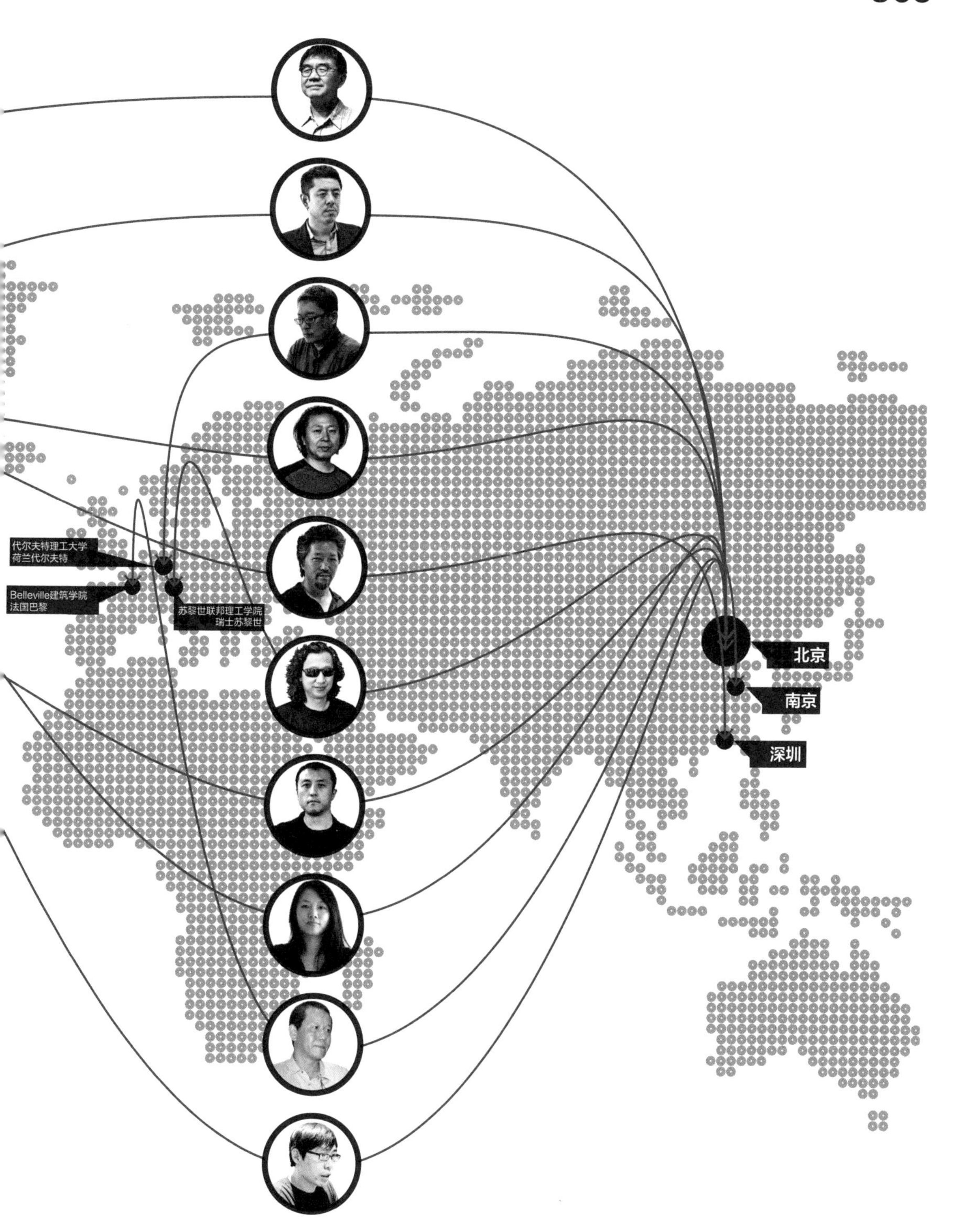
代尔夫特理工大学
荷兰代尔夫特
Belleville建筑学院
法国巴黎
苏黎世联邦理工学院
瑞士苏黎世
北京
南京
深圳

世界性文化

2007年
经济危机

1973 石油危机

1945 战后大规模重建

1929 咆哮的20年代

2000

1950

1900

《拼贴城市》
1978 科林 · 罗

《癫狂的纽约》
1978 雷姆 · 库哈斯

《城市建筑学》
1966 阿尔多 · 罗西

《建筑的复杂性与矛盾性》
1966 罗伯特 · 文丘里

《城市意象》
1960 凯文 · 林奇

《走向新建筑》 1923 勒 · 柯布西耶

《装饰与罪恶》 1910 阿道夫 · 路斯

参数化

可持续

流体建筑

解构主义

孟菲斯派

高技派（现代主义后期）

新陈代谢运动

批判性地域主义

后现代

新经验主义

野兽派

未来表现主义

现代主义

美国风住宅
纳粹建筑
斯大林主义

流线型现代主义
国际风格
装饰艺术风格

法西斯建筑
埃及复兴
地中海复兴

包豪斯
构成主义

西班牙殖民风格复兴

阿姆斯特丹学院派
表现主义
北欧古典主义
未来主义

赫立奥波立斯风格建筑

民族浪漫主义
爱德华式巴洛克
草原式住宅

直陈式有机巨型结构

参数化

国有巨型结构现代主义
批判性／试验性地域主义
市场为主导的巨型结构现代主义
批判性／试验性现代主义
商业现代主义
理性地域主义

现代主义后期&新地域主义

后现代

民族风格第三阶段

台北：“中华文化复兴”
政治表现主义

社会主义现代化

直陈式地域主义

民族风格第二阶段：
“民族形式、社会主义内容”

地域主义早期

现代风格早期及现代主义

民族风格第一阶段“中式本土风格”

带有中式屋顶的基督教建筑

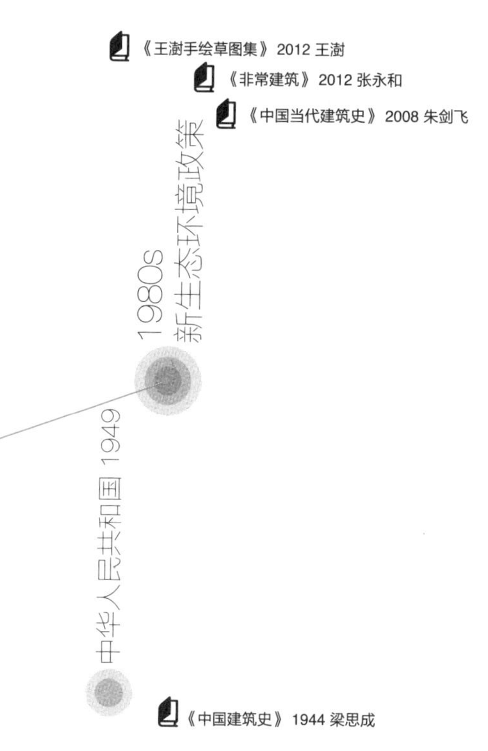

中，作为中国建筑界知识分子的主导力量，这些建筑师们必须同时应对历史问题、现实状况，以及在这一特殊的历史时期中存在的困难和无限可能。建设狂潮和它所带来的问题，以及如何将过去30年间出现的建筑语汇抛至脑后，现在都落在了新一代建筑师的肩上。不管是有意识的还是无意识的，这些建筑师们才是主角，正在定义着中国当代建筑身份的基础。[1]

场地和文脉之间的联系被中国“零文脉”的现状一点点消化，本地材料和粗糙的制造技术也得到重新审视，并置于“如何做好建筑”这一讨论的前沿。这些都证明着这一特殊的当代历史性时刻：各种意识不断觉醒，在讨论他们现在的身份之前，需要先定义他们曾经是谁。

不会作出改变

如果我们一直遵从传统理念，这个世界估计跟五百年前是几乎一样的……我们不会作出改变。［李虎］

当今的城市很难跟过去联系起来。注意力已经从过去的传统哲思转移到了逻辑化的理性功能上来。现代性到来之后，开始采用西方世界的原则，造成了一种从未有过的局面——一种“东西方融合的现代性”（Hybrid-Western-Eastern-modernity）。

20世纪80年代的开放和随之而来的经济增长，被看作是一种对苏联留下的纪念碑风格的符号性建筑作出的快速而直接的回应。他们直接采用过去20年在西方和美国形成的后现代主义作为利器，建立起了一个开放的国际化国家形象。

这一时期最具代表性的象征就是改革开放所取得的成就和在上海黄浦江对岸的浦东建立“东方曼哈顿”的愿望。如果我们向未来跳跃几十年，到奥运会和世博会阶段，就会清楚地看到这一决策的成果。社会自身已经彻底变革，和之前截然不同，摩天大楼勾勒出都市的天际线，历史遗迹则像散落在城市中的水珠一样迅速蒸发。这一持续变化的形象恰恰是80年代宏伟计划的具体表现。现在所取得的成就则将对未来的展望更推进了一步：中国不再需要赶上世界的脚步，而是意识到自己才是引领未来发展的主角。

所有价值都是形而上的

所有这些价值都是比较形而上的；都是在精神层面上的。当代中国人的生活方式，从穿衣方式到使用的家具、空间等，实际上和西方已经很接近了，但是从心理上，或者精神上还是需要去受到关怀、受到抚慰。［陈屹峰］

混乱而复杂的现代性产生了大量的信息交流，使得当今社会被传统和现代的双重标准束缚着，造成了一种难以认知的国际化社会景象。所有的一切都被重新打乱并一点点消化，用来创造出真正适合当代的国际性文化元素；同时，社会中又存在着希望和过去的文化产生联系的这种极为矛盾的态度。从表面上看，不可分割的传统元素在当代社会中占据着重要的一席之地，但同时又在不同角度被现代化的生活方式影响着。在强调独一无二的个性的同时，建筑也在演绎着这些固有的传统和文化元素。

在这样的环境下，了解什么才是建筑的目的显得尤为重要，特别是如何将现实反映在建筑中。建筑师们的任务就是分析现状，综合考虑不同角度的问题来阐释什么才是当今现实，以及它们互相之间联系的紧密程度，并且需要建立一个能够完成这些任务的工作框架。这个框架不仅应该在空间和功能上提供支持，也要能够加强这些

1
Cockain, Alex. *Young Chinese in Urban China*. Routledge, 2012.

“追随西方的脚步？”
东西方建筑学的时间线上，相似对应类型的比较：风格、历史事件以及建筑学著作
来源：第十四届威尼斯建筑双年展*基本法则，中国现状*一展，2014年
图片来源：作者

数据来源：archive.org；《中国当代建筑史：历史批判理论》，朱剑飞，Routledge，2008年

相关品质之间的联系。人际关系是构建社会的最主要元素，其复杂性从物质上则清晰地表现在对各种空间的塑造中。人们的生活方式，包括道德约束，以及对是非的辨别反映在不同事物上，从而建立起我们的物质社会。

关注我们本身更重要

可能关注我们本身以及我们正在做什么更为重要，因为我也是这样起步的。我读别人的故事，而不仅仅是从某一位大师身上学习。［马岩松］

新一代建筑师撰写建筑理论专著，举办展览，和上一代建筑师及西方建筑师进行专业性的讨论，在全国创办各种双年展、设计周。他们以这样的方式来探索出自己要行进的道路，同时受到自身经验和国际化意识的影响。[2]
李晓东著有《中国空间》，以及《自1979年以来的中国美学》；马岩松著有《山水城市》一书并举办展览；李虎举办了哥伦比亚大学北京建筑中心X-AGENDA系列展；刘宇扬参与了哈佛大学设计学院都市研究系列项目并出版《大跃进》一书；朱锫主持举办了“中国博物馆的未来”一展；而都市实践也成立了自己的智囊团——都市实践研究部。
他们质疑一切：学到的理论、追随过的大师。奥运会和世博会的举办已经转变了格局，现代社会更需要的是觉醒的意识，所以曾经一度失去信心并逃离了城市的建筑师们重新回到了这一争论的中心；他们曾经跟“背景建筑”的决裂似乎也不再存在了。他们以三重身份目睹着本国的现状：以国外教育背景进行观察，以本国的背景进行观察，以国际化的视角进行观察。

创造都市性的解决方案

我认为尽管在过去的30年中，中国的城市化出现了很多的问题，但是我们也在从这些问题中反思。同时我们也在创造一种都市性的解决方案，所以当我们把所有线索都综合起来，看看问题是否已经得以解决，比如环境问题、在空地上创造文脉的问题，还有如何创造有趣的建筑。［刘宇扬］

在西方，经济危机和人文思潮危机使人们不得不停下脚步，对未来的可能性向自身提出质疑。这样的机遇十分难得，必须加以善用。产生危机的时期能够提供互动的机会，提供探索和发现的机遇，或者促进了解已经发生的和正在发生的事情。也正是这一时期，产生了如何理解当下的伟大的建筑学专著，所以，为什么不在现在为当代建筑语汇打下基础呢?
罗伯特·文丘里（Robert Venturi）的《建筑的复杂性和矛盾性》（Complexity and Contradiction in Architecture）、阿尔多·罗西（Aldo Rossi）的《城市建筑学》（The Architecture of the City），凯文·林奇（Kevin Lynch）及其他一些建筑师们在危机之后唤起了意识上的觉醒。通过在这些特殊历史时期对自身进行反思，我们能够激发出一种对于近年来所创造出的建筑的兴趣，这里是这一切状况共存的地方，而且还有很多要去完成，有很多要去讨论、去分析、去探索。

对世界产生文化影响

人们不断地从这些辉煌的历史中寻找灵感，很可能会出现一个新的哲学理念。我确定这种新的理念能够对于世界产生一定的文化影响，这种所谓的东方的生活方式，我们会看到它对于建筑和设计带来的结果改变。［张轲］

就像20世纪80年代中国关注西方一样，西方现在也正关注着中国所发生的一切，并且梦想着这种在他们自己的土地上所缺失的景象。由大尺度建筑和沿海城市摩天大楼所描绘出的飞速发展的形象，已经不再仅仅反映着对曼哈顿摩天楼的梦想和追求，而是体现出了他们在自己的领土上创建的新规则，以及产生的适应和改变。
建筑学中试图理解“人们想要什么”的问题会产生出一种偏离原始意图的被曲解的景象（Mistopia）。一方面，大开发商们通过一成不变的标准化房地产住宅来满足大量人口的需求，另一方面政府鼓励国外建筑师和有异国背景的本地建筑师进行探索试验，跳出常规思考模式，探索出不同的新解决方案。在这种复杂而矛盾的景象中，知识分子们撼动着设计理念的基石。对于不久的将来的人们来说，与众不同的建筑身份定义会构建起一种同时源于东西方的共同价值遗产，革新着世界性文化，并对其作出贡献。任何其他的态度都会给交流和沟通带来困难，更会使我们失去自身的根源。[3]

2
Edelmann, Frédéric, and Jérémie Descamps. *Positions: Portrait of a New Generation of Chinese Architects. Cité de l' architecture & du patrimoine*. Barcelona, 2008.

3
Li, Xiangning, *Avant-garde and Contemporary Chinese Architecture: West Bund 2013 Biennial of Architecture and Contemporary Art*. Politecnico di Milano Conferences, 2013

图书在版编目（CIP）数据

中国建筑现状 /Pier Alessio Rizzardi，张涵坤　编著 .— 北京：中国建筑工业出版社，2018.5

ISBN 978-7-112-22022-9

Ⅰ.①中…　Ⅱ.①P…　②张…　Ⅲ.①建筑设计 — 研究 — 中国　Ⅳ.①TU2

中国版本图书馆CIP数据核字（2018）第060091号

责任编辑：费海玲　张幼平
责任校对：焦乐

中国建筑现状

Pier Alessio Rizzardi　张涵坤　编著

*

中国建筑工业出版社出版、发行（北京海淀三里河路9号）

各地新华书店、建筑书店经销

北京中科印刷有限公司印刷

*

开本：787×1092 毫米　1/16　印张：23　字数：559 千字

2020年4月第一版　2020年4月第一次印刷

定价：150.00元

ISBN 978-7-112-22022-9

(30547)